U0157888

高放废物地质处置库黏土岩预选区调查与筛选

刘平辉　刘晓东　戴朝成　向　龙　著

科学出版社

北　京

内 容 简 介

本书根据我国《高水平放射性废物地质处置设施选址》等核安全导则的要求，围绕高放废物地质处置库黏土岩预选区调查与筛选的主线和目标，在对我国厚层状黏土岩分布区域进行广泛调查的基础上，基于地质条件和水文地质条件视角重点对五个重点调查区开展地质条件、水文地质条件、自然地理条件、经济社会条件等的调查研究和定性评价，从中筛选出四个重点调查区进行黏土岩预选区的适宜性评价。评价结果和系统性研究证实内蒙古巴音戈壁盆地的塔木素预选区和苏宏图预选区是较为适宜的高放废物地质处置库黏土岩预选区。上述研究工作为进一步开展我国高放废物地质处置库黏土岩地段预选与评价奠定了重要基础。

本书可供放射性废物处置、辐射防护与环境保护等领域科技人员和管理人员参考；也可供高放废物地质处置、辐射防护与环境保护、地质学、地质工程、环境工程、核科学与技术等专业研究人员和师生阅读参考。

审图号：GS〔2022〕2327 号

图书在版编目(CIP)数据

高放废物地质处置库黏土岩预选区调查与筛选／刘平辉等著. —北京：科学出版社，2022.6
ISBN 978-7-03-072496-0

Ⅰ. ①高… Ⅱ. ①刘… Ⅲ. ①高放废物–放射性废物处置–地下处置–黏土岩–研究–中国 Ⅳ. ①TL942

中国版本图书馆 CIP 数据核字（2022）第 100966 号

责任编辑：焦 健 韩 鹏 李亚佩／责任校对：何艳萍
责任印制：吴兆东／封面设计：无极书装

科学出版社 出版
北京东黄城根北街 16 号
邮政编码：100717
http://www.sciencep.com

北京中科印刷有限公司 印刷
科学出版社发行　各地新华书店经销

*

2022 年 6 月第 一 版　开本：787×1092　1/16
2022 年 6 月第一次印刷　印张：11 3/4
字数：279 000

定价：158.00 元
（如有印装质量问题，我社负责调换）

前　　言

　　高放废物的安全处置是国防军工和民用核电可持续发展的重要基础,受到各有核国家政府和公众的高度重视和广泛关注。将高放废物进行地质处置是目前世界公认的一种安全有效且经济技术可行的方法。处置库场址的筛选是开展高放废物地质处置库建设的首要和基础工作,并且处置库场址条件是影响高放废物地质处置库长期安全最为关键和重要的因素。鉴于处置库场址的重要性,国际原子能机构制定了高放废物地质处置库场址的安全要求,许多国家对处置库场址的最终确定都非常慎重,要求从处置库围岩类型、地质条件、水文地质条件、经济社会条件、建造与运输条件等方面进行比选。国际上主要有核国家目前对高放废物地质处置库黏土岩场址调查和筛选的研究工作非常重视,以法国为代表的西方发达国家,通过对花岗岩场址和黏土岩场址的长期对比筛选研究,最终确定选择黏土岩作为高放废物地质处置库的围岩,而且目前已确认了黏土岩处置库的场址;瑞士在同步开展不同高放废物地质处置库围岩(花岗岩和黏土岩)地下实验室对比研发的基础上,目前也已确认将黏土岩作为高放废物地质处置库围岩;比利时和德国等国家对黏土岩作为高放废物地质处置库围岩的可行性进行了深入研究,并已建造或正在建造地下实验室。鉴于不同围岩类型的场址比选已成为高放废物地质处置库选址的一项基本原则和要求,也是审管决策的必要条件,我国于2006年由国防科学技术工业委员会联合科学技术部、国家环境保护总局颁布了《高放废物地质处置研究开发规划指南》,该指南对不同围岩类型场址比选研发工作提出了明确要求;2013年国家核安全局颁布了核安全导则《高水平放射性废物地质处置设施选址》(HAD 401/06-2013)。上述文件是我国高放废物地质处置库场址调查和筛选的重要指导性文件,也是我国开展高放废物地质处置库场址筛选研发工作的基本原则。

　　在确保安全的前提下积极有序地推进核电发展,对于我国如期实现"碳达峰"和"碳中和"目标具有重要和积极作用;同时,核能作为清洁、安全、可大规模替代化石燃料的优质能源,对于构建清洁低碳、安全高效的能源体系以及积极推进我国生态文明建设具有重要的现实意义。核工业发展的历史经验表明,高放废物的安全处置必须立足国内,依靠自己的力量在自己的土地上解决高放废物安全处置问题。2003年我国颁布的《中华人民共和国放射性污染防治法》明确规定:"高水平放射性固体废物实行集中的深地质处置",从国家法律层面规定了高放废物实施深地质处置的处置方案。《高放废物地质处置研究开发规划指南》指出:为尽早在我国建立安全可靠的高放废物处置库,除了继续加强甘肃北山花岗岩处置库的选址和场址评价工作外,还应该启动包括黏土岩在内的其他重点岩石类型的地质处置库预选区筛选研究工作,从而确定我国高放废物地质处置库的最终场址。

　　根据《高放废物地质处置研究开发规划指南》要求,我国及时启动了高放废物地质处置库黏土岩场址筛选工作,东华理工大学(原东华理工学院)因为具有良好的前期研究工作基础，被遴选为当时唯一的承担单位。2007 年 8 月 3 日，收到《国防科工委关于东华理工学院高放废物地质处置库围岩——黏土岩预选场址调查研究项目建议书的批复》（科工计〔2007〕826 号）；2008 年 4 月 24 日，收到《国家国防科技工业局关于东华理工大学高放废物地质处置库围岩——黏土岩预选场址调查研究项目研究任务书的批复》（科工二司〔2008〕61 号）；根据《国防科工局关于下达 2009 年军工核设施退役及放射性废物治理项目第一批投资计划的通知》（科工计〔2009〕525 号），将研究年限调整为 2009 年 4 月至 2012 年 4 月；该项目于 2012 年完成并通过了国家国防科技工业局组织的结题验收。项目从技术层面首次提出了我国高放废物地质处置库黏土岩预选场址选择的基本准则；通过大量区域地质资料调研和部分地区实地踏勘，基本查明了我国具有一定规模且适合建造高放废物地质处置库的黏土岩的区域分布、地质条件及工程条件。通过对青海柴达木盆地西北缘、陇东地区、鲁西北地区、内蒙古巴音戈壁盆地等厚层状黏土岩重点调查区开展初步的地质条件、水文地质条件、自然地理条件、经济社会条件等调研工作，基本查明了黏土岩重点调查区的社会、经济、地质、水文地质及自然环境条件；推荐了陇东地区环河–华池组黏土岩出露区、青海柴达木盆地南八仙地区上干柴沟组和下油砂山组黏土岩出露区、内蒙古巴音戈壁盆地东部巴音戈壁组上段出露区为深入开展黏土岩场址预选的重点调查区。项目研究实现了预期的研究目标，为我国高放废物地质处置库黏土岩场址筛选的后续研发工作奠定了坚实的基础。

2014 年 12 月国家国防科技工业局正式批复由东华理工大学作为牵头单位承担“高放废物地质处置库西北地区黏土岩地段筛选与评价”（科工二司〔2014〕1587 号）项目，该项目于 2019 年完成并通过了国家国防科技工业局组织的结题验收。通过区域地质补充调查、综合对比分析和适宜性评价研究，初步将青海柴达木盆地的南八仙地区、油泉子地区和甘肃陇东地区的黏土岩预选区加以排除；并重点对巴音戈壁盆地的塔木素预选区、苏宏图预选区分期分步骤开展了更为详细和深入的研究工作。在苏宏图预选区，钻探工程没有揭露到巴音戈壁组厚层状黏土岩层，仅查明了苏宏图预选区上覆于巴音戈壁组的苏红图组黏土岩层厚度超过 800m，但其固结程度较差；尽管如此，该区可作为黏土岩处置库场址的候选地段，以待在下一阶段的研究过程中，用更深的钻探工程去验证推测的巴音戈壁组厚层状黏土岩层。目前的研究成果已初步查明了内蒙古巴音戈壁塔木素预选区内白垩系底板（泥岩层下底板）埋深及其起伏特征；基本圈定了预选区黏土岩层的空间分布及形态；综合工作区野外地质、物探调查成果，结合国际和我国高放废物地质处置库黏土岩选址标准，已初步在塔木素预选区内圈定了两个有利地段。上述成果将为我国高放废物地质处置库黏土岩预选地段评价与场址筛选奠定重要的科学基础。

本书由“高放废物地质处置库西北地区黏土岩地段筛选与评价”项目的部分研究成果凝练升华而成，本书的重点在于高放废物地质处置库黏土岩预选区的调查、评价与筛选。全书共分七章，各章标题及具体分工如下。第 1 章绪论，由刘晓东、刘平辉撰写；第 2 章我国黏土岩区域分布概况，由刘平辉、刘晓东、向龙撰写；第 3 章高放废物地质处置库黏土岩预选区重点调查区概况，由刘平辉、戴朝成、向龙撰写；第 4 章高放废物地质处置库黏土岩预选区初步适宜性评价，由刘平辉、杨迎亚、向龙撰写；第 5 章塔木素预选区地质条件研究，由刘平辉、饶耕玮、梁海安、向龙撰写；第 6 章苏宏图预选区地质条件研究，由刘平辉、邱晓兵、向龙撰写；第 7 章主要结论与下一步工作建议，由刘晓东、刘平辉撰写。

本书得到了国家国防科技工业局项目"高放废物地质处置库围岩——黏土岩预选场址的调查研究"（科工计〔2007〕826 号）、"高放废物地质处置库西北地区黏土岩地段筛选与评价"（科工二司〔2014〕1587 号）的资助，出版得到了江西省高校省级一流学科、东华理工大学校级一流学科建设经费的资助。

本书的顺利完成得到了国家国防科技工业局、中国核工业集团有限公司、核工业二〇八大队、江西省核工业地质局、核工业二七〇研究所、陕西省核工业地质局二二四大队、核工业二〇三研究所、青海省核工业地质局、甘肃省煤田地质局、甘肃省核工业地质局、全国地质资料馆、中国地质调查局、中国石油化工股份有限公司胜利油田分公司、中国科学院武汉岩土力学研究所、核工业北京地质研究院、中国辐射防护研究院等单位的大力支持和帮助；同时得到了东华理工大学地球科学学院、核资源与环境国家重点实验室、土木与建筑工程学院、水资源与环境工程学院、地球物理与测控技术学院、江西省数字国土重点实验室、科研与科技开发处、计划与财务处等单位的支持和帮助；在本书的撰写过程中还得到了东华理工大学高放废物地质处置库黏土岩项目组成员的支持和帮助。在此对上述单位和有关人员表示衷心的感谢！

由于时间、精力和水平有限，书中难免有疏漏之处，敬请各位读者批评指正。

2022 年 5 月于南昌

目　　录

1　绪　论

高水平放射性废物（以下简称高放废物）的安全处置是国防军工和民用核电可持续发展的重要基础，受到各有核国家政府和公众的高度重视和广泛关注。我国《高放废物地质处置研究开发规划指南》明确要求"在全国其他地区选择另外的预选区，并研究比较不同的围岩类型，完成其他预选地区和围岩类型的预选及推荐工作"。核工业发展的历史经验表明，高放废物的安全处置必须立足国内，依靠自己的力量在自己国土上解决高放废物安全处置问题。许多国家受国土面积和地质条件的限定，能够安全处置高放废物的地质处置库围岩类型选择余地很小。例如，芬兰境内多为花岗岩，故该国选择花岗岩作为高放废物地质处置库围岩；比利时境内几乎都是黏土岩，该国只有选择黏土岩作为高放废物地质处置库围岩。世界范围内高放废物地质处置没有最好的方案，只有相对更好的方案。我国国土辽阔，高放废物地质处置可供选择的场址和围岩类型丰富多样，为了更好地保护人类和生态环境，保障经济社会可持续发展，需提出更好的高放废物地质处置方案，在确定我国高放废物地质处置库场址及围岩类型之前，从技术层面必须提出可供国家立法、审管部门选择的多种方案。与花岗岩相比，黏土岩具有不透水、阻滞放射性核素迁移能力强、自封闭性良好等特性，是当前重点关注的高放废物地质处置库围岩类型。

我国在 2003 年颁布了《中华人民共和国放射性污染防治法》，第四十三条明确规定"高水平放射性固体废物实行集中的深地质处置"，从国家法律层面规定了高放废物实施深地质处置的方案。在参考国外地质处置库场址筛选基本标准的基础上，提出了我国高放废物地质处置库黏土岩场址筛选基本标准，具体内容详见本书第四章。随后，还从国家层面颁布了一系列核安全导则《高水平放射性废物地质处置设施选址》（HAD 401/06-2013）、《放射性废物地质处置设施》（HAD 401/10-2020）。上述文件为国家层面推进高放废物地质处置提供了规范性文件和指导。

具体而言，当前我国在高放废物地质处置库候选围岩场址筛选方面主要围绕花岗岩和黏土岩展开，花岗岩场址筛选进程及研究程度均明显领先于黏土岩。"十一五"期间，我国《高放废物地质处置研究开发规划指南》指出：为尽早在我国建立安全可靠的高放废物处置库，除了继续加强甘肃北山花岗岩处置库的选址和场址评价工作外，还应该启动包括黏土岩在内的其他重点岩石类型的地质处置库预选区筛选研究工作，从而确定我国高放废物地质处置库的最终场址。同时，考虑到我国国土广袤和场址审批需要多场址比选的实际情况，地质处置库场址筛选至少需要两个预选区进行比选（潘自强和钱七虎，2009）。因此，早在 2005 年 8 月（第一次全国高放废物地质处置研讨会）、9 月（第 260 次香山科学会议）和 12 月（中国工程院高放废物地质处置战略规划项目研讨会）召开的多次研讨会上，有关专家学者多次强调：除继续开展甘肃北山花岗岩处置库预选区研发外，建议重点开展黏土岩地质处置库预选区研发工作（郑华铃等，2007；刘晓东等，2010）。

黏土岩是主要由粒径小于 0.0039mm 的细颗粒物质组成并含有大量黏土矿物的沉积

岩。疏松未固结者称为黏土，固结成岩者称为泥岩和页岩。大多数黏土岩是母岩风化产物中的细碎屑物质呈悬浮状态被搬运到沉积场所，以机械方式沉积而成的。黏土矿物是黏土岩中主要的矿物成分。黏土矿物很细小，它们的结晶大小一般不超过 $2\mu m$。黏土矿物种类繁多，黏土岩中分布最广的是高岭石、伊利石、蒙脱石、绿泥石等。在对我国黏土岩区域分布调查的基础上，基本查明了我国厚层状黏土岩的区域位置、黏土岩的产状等基本特点；结合我国高放废物地质处置库黏土岩预选区选择的基本准则，基本查明了我国具有一定规模且适合建造高放废物地质处置库的黏土岩的区域分布、地质条件及工程条件。并重点对青海柴达木盆地西北缘、陇东地区、鲁西北地区、内蒙古巴音戈壁盆地等厚层状黏土岩重点分布区开展了初步的地质条件、水文地质条件、自然地理条件、经济社会条件等调研工作，基本查明了厚层状黏土岩重点分布区的社会、经济、地质、水文地质及自然环境条件；推荐了陇东地区环河-华池组、青海柴达木盆地南八仙等地区上干柴沟组和下油砂山组、内蒙古巴音戈壁盆地东部巴音戈壁组上段等层位作为深入开展黏土岩场址预选的重点调查区。在对上述重点调查区进行详细调查的基础上，确定了黏土岩预选区，并对预选区内的相关地段进行了地质条件研究。

2 我国黏土岩区域分布概况

确定我国是否存在一定规模的厚层状黏土岩是开展高放废物地质处置库预选区研究的关键，截止到 2007 年底，我国尚没有比较完整的可供参考的黏土岩分布及基本地质特征资料。东华理工大学高放废物地质处置库黏土岩项目组（以下简称项目组）自 2008 年开始，在全国 1∶20 万区域地质调查资料的基础上，先后赴中国地质调查局、全国地质资料馆、中国地质大学（北京）、中国地质大学、胜利油田以及山东、甘肃、青海、江西、江苏、浙江等地矿部门进行了大量的调研工作。依据黏土岩预选区基本地质条件的要求，项目组通过大量的分析和研究，基本查明了我国有一定规模的厚层状黏土岩分布，并了解了部分地区黏土岩的开发利用现状。

黏土岩作为一种非金属矿产资源目前主要作为建材行业的砖瓦原料、水泥配料原料、陶瓷原料以及冶金行业的耐火材料等。资料表明黏土岩在我国分布面积很广，大部分黏土岩形成于古生代地台型浅海相和中新生代内陆湖相沉积环境，厚度一般小于 500m。我国黏土岩主要分布在甘肃、青海、新疆、内蒙古、山东、江苏、安徽、江西、浙江、广西和湖北等地（图 2.1）。其中，内蒙古巴音戈壁盆地、二连盆地白垩系的内陆湖相黏土岩分布广泛，厚度大，连续性好，埋深适宜，产状平缓；甘肃陇东地区产出的白垩系黏土岩分布广，厚度大，连续性好，产状平缓，埋深 400~500m；青海柴达木盆地茫崖地区、南八仙地区的新近系上新统黏土岩分布广，厚度较大，连续性好，埋深较适宜，产状较缓；新疆塔里木盆地的边缘也产出新近系上新统厚层状黏土岩，但一般埋藏深度很深或产状较陡；东北地区松辽盆地白垩系湖相黏土岩分布广泛，厚度大，连续性好，埋深适宜，产状平缓；而华东或华南地区的厚层状黏土岩大多规模较小，受构造影响强烈，连续性较差，产状一般较陡，局部地区存在厚度较大、埋深适宜、产状较平缓的黏土岩层。

2.1 黏土岩出露区域调查

我国黏土岩（泥岩、页岩）分布广泛，从北到南、从西到东都有出露，但连续大面积分布的黏土岩主要在我国北纬 35°以南的广大地区。其中，页岩基本上都分布在古生代地台型浅海相沉积和中新生代内陆湖相沉积中，连续沉积的页岩厚度较小，多在 500m 以下。只有在地槽沉积层中才有连续沉积厚度较大的黏土岩，其厚度可达 500m 以上，甚至 2000~3000m。

前期初步的调查研究表明，我国大部分黏土岩均形成于古生代地台型浅海相和中新生代内陆湖相沉积环境，且厚度一般小于 500m。黏土岩主要分布在长江上游地区，以及桂、粤、滇西、赣北、皖南、浙西、冀北、东北、甘肃、青海、内蒙古和新疆等地区。

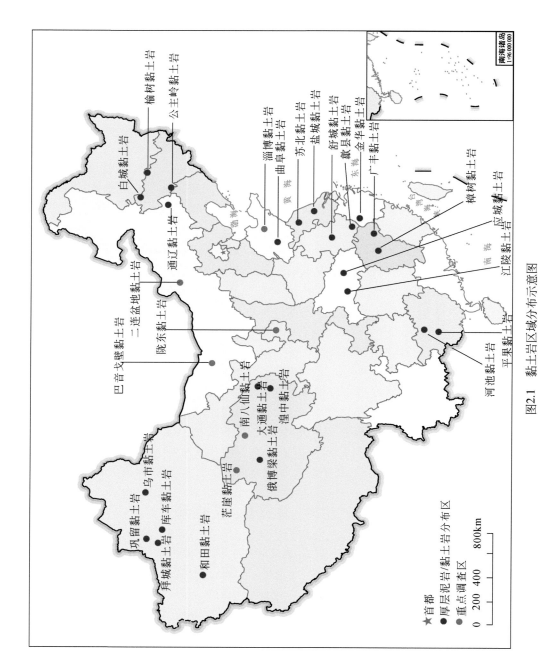

图2.1　黏土岩区域分布示意图

东华理工大学高放废物地质处置库黏土岩项目组绘制

2.1.1　长江上游及其支流流域黏土岩分布区

该区是我国黏土岩（泥岩、页岩）分布最大的区域，包括四川东部、陕西南部、湖北西部、贵州北部、湖南中西部的广大地区，在大地构造上包括四川台拗（成都–巴中–万州–涪陵–宜宾地区）、大巴山台缘褶皱带（陕西至鄂西北狭长地带）和上扬子地台褶皱带（万州–涪陵–宜宾以东、宜昌–常德–黔阳–融水以西地区）。

该区范围为云南个旧以东，经百色、南宁、梧州至河源以西的广大地区，在大地构造上位于康滇地轴以东，属右江褶皱带和云开褶皱带。前者为三叠纪冒地槽区，在印支期褶皱回返；后者为早古生代冒地槽区，在晚加里东期褶皱回返，地层中常夹有厚度较大的页岩层。

2.1.2　滇西黏土岩分布区

该区范围北起攀枝花，向南经楚雄、普洱至中国与缅甸、老挝边界，在大地构造上位于康滇地轴以西，属三江（怒江、澜沧江、金沙江）褶皱系的南段。在大理–临沧–景洪一线以东为侏罗系—白垩系陆相拗陷和断陷带，地层中有厚度较大的黏土岩（页岩）层。

2.1.3　藏南冈底斯–喜马拉雅山黏土岩分布区

该区为燕山早期至喜马拉雅早期的优地槽和冒地槽区，黏土岩（页岩）地层沉积厚度较大，根据《中国地质图集》所附地层表，喜马拉雅山区上侏罗统—下白垩统门卡敦组黑色页岩夹砂质页岩的厚度大于 760m；上三叠统曲龙共巴组页岩与砂质页岩互层，夹泥灰岩，厚度为 465m；上石炭统纳兴组灰黑色页岩夹石英砂岩及泥灰岩，厚度为 1888m。

2.1.4　晋冀黏土岩分布区

包括山西和冀北地区，在大地构造上西为华北地台中的断隆区。山西断隆区的古生界属于古盖层，地层厚度一般不大，仅在二叠系有厚度较大的沉积。冀北拗陷带在中–新元古代沉积总厚度近万米的粉砂质碳酸盐岩，其中有两层厚度较大的页岩层。

2.1.5　赣北皖南浙西黏土岩分布区

该区在大地构造上属江南台隆的东段，广泛分布着古生代陆台盖层，皆为浅海相沉积，厚度一般不大，志留系—奥陶系中含多层连续沉积厚度大于 200m 的页岩层。

（1）江西省樟树市清江盐田的古近系临江组和清江组泥岩。清江盐田位于清江断陷盆地中偏南地段，北起武林–江西农业工程职业学院（原樟树农校），南至甘泉–院前一线，东起大桥，西至永泰，矿体呈北东–南西向展布的不规则圆形，长约 18km，宽约 9km，面积 133.66km²。该盐矿属硫酸盐–氯化物类型内陆湖相岩盐矿床,成盐层位于古近系古新统—始新统清江组一段中上部,呈层状、似层状产出,矿层共有 1~54 层,一般为 20~39 层,层数由北往南增多,单层厚度为 0.5~3m,一般为 2~3m,最大为 10m;矿层累计厚度一般为 35~80m,平均为 40~60m,最大为 133.49m。岩层产状平缓,矿体总体为中心厚四周薄的大扁豆体,矿体埋深 592.92~1170m,一般为 780~980m。由四个盐群组成三级旋回,总储量为 103.7 亿 t。

（2）安徽省六安市舒城县下白垩统黑石渡组泥页岩。晓天至锦湾黑石渡组为典型剖面,以青灰色页岩为主,夹薄层黄绿色细砂岩。安徽省黄山市歙县下白垩统岩塘组泥岩为典型剖面,以灰绿色、黄绿色薄层泥页岩,灰色、灰绿色、黄绿色中厚层凝灰质砂岩夹薄层泥岩为主。

（3）浙西页岩主要分布在浙江省面积最大的陆相沉积盆地——金衢盆地。金华黏土岩为上白垩统金华组湖相暗色泥页岩,主要发育在西北部衢州–龙游沉积中心区,分布区域较为局限,厚度不均,为 5~100m。

2.1.6　鲁西北与鲁东黏土岩分布区

据《山东省区域地质志》,山东省黏土岩主要分布在鲁西北和鲁东地区。鲁西北地区产出上白垩统王氏组中间层位（黄绿色砂页岩、钙质页岩夹粉砂岩）;中下侏罗统坊子组（黄绿色页岩、碳质页岩,细粒长石石英砂岩、砂砾岩夹煤层）;下二叠统山西组（杂色页岩、砂页岩、砂岩、黏土页岩）。而鲁东地区主要包括上白垩统王氏组中部（黄绿色、紫红色页岩、砂岩夹泥质灰岩、砂砾岩）;古近系始新统五图组（上部为泥岩、砂岩夹泥灰岩;中部为砂岩、碳质页岩、油页岩夹煤层;下部为泥质岩、黏土岩、砂岩、砂砾岩）。山东省 1:50 万地质填图资料也表明厚层状黏土岩主要分布于以下四个层位。

2.1.6.1　下寒武统馒头组、毛庄组

古生界在鲁西地区广泛分布,鲁东地区缺失。下古生界仅包括寒武系及奥陶系。寒武系与下伏泰山群假整合接触。奥陶系与上覆石炭系假整合接触。早古生代是我国震旦纪以来海侵范围最广的一个时期,整个早古生代大致经历了早寒武世—中奥陶世的海侵和晚奥陶世海退这样一个大的海水进退过程。下古生界以碳酸盐岩沉积为特征。寒武系多为正常的浅海相沉积,岩性为页岩、不纯灰岩、鲕状灰岩、竹叶状灰岩。奥陶纪海侵规模和海水深度均较寒武纪大,下沉速度均一且稳定,上部为厚层状灰岩和豹皮灰岩沉积,下部为含燧石白云质灰岩沉积。在这些海相沉积地层中含有丰富的古生物化石和磷、石膏等矿产资源。

晚古生代是华北地台地史上海洋向陆地转化的重大变革时期。其主要特点是:陆相、海陆交互相沉积显著增多,海相地层减少,高级陆生植物及鱼类大量出现。上古生界分布在鲁中南地区的济南、淄博、肥城、莱芜、沂源、沂水、泗水、平邑、枣庄、临沂等地。下部为薄层灰岩、泥质灰岩、白云质灰岩及页岩,中部为页岩、鲕状灰岩及厚层灰岩,上部为页岩、薄层灰岩、竹叶状灰岩、中厚层灰岩及泥质带状灰岩,厚度为 203~1724m。

与下伏泰山群呈角度不整合。

根据化石、接触关系、沉积旋回及岩性特征，将寒武系分为上、中、下三个统。

下寒武统包括馒头组、毛庄组。馒头组共分 10 层，岩性主要为薄层灰岩、泥质灰岩、白云质灰岩及杂色页岩，厚度为 60~170m。毛庄组以紫色云母质页岩为主，夹鲕状灰岩、竹叶状灰岩及灰岩透镜体。在安丘、平邑、蒙阴、临沂、苍山、枣庄等地灰岩增多，在泰安一带一般由北向南、由西向东厚度有所增大，该组厚度为 23~150m。

2.1.6.2 石炭系本溪组、太原组

石炭系缺失下石炭统，上石炭统太原组平行不整合于本溪组之上。

本溪组以紫色页岩为主，石灰岩次之，另外含白色砂岩，底部含有铝土页岩及软质黏土，分布广泛，北部淄川、博山、章丘，中部新泰、蒙阴，南部薛城均有分布，但岩层厚度不大，一般小于 60m。

太原组是一套灰色至黑色页岩及灰色砂岩互层，含煤层 9 层或 10 层，黏土层呈多层产出；岩层中含有珊瑚、海百合等化石，分布范围广泛，淄川、博山、章丘、新泰、蒙阴、薛城均有分布，是山东省重要煤田所在层位。

2.1.6.3 上白垩统王氏组

中生界地层的分布明显受断裂构造控制，广泛出露于各断陷盆地内，为一套巨厚的陆相碎屑沉积，其间有强烈的陆相火山喷发。出露地层有侏罗系、白垩系，缺失三叠系。

白垩系主要分布于沂沭断裂带和莱阳盆地的高密–海阳地区，在鲁中南地区的断陷盆地内也有分布，与下伏的上侏罗统及上覆的古近系呈不整合接触。下白垩统青山组为一套火山岩系，主要由安山岩、玄武岩、粗面岩及火山碎屑岩等组成，厚度为 1089~6007m。上白垩统王氏组为页岩、砂岩、砂砾岩、砾岩，厚度为 1196~6681m。

鲁西地区王氏组分布于临朐、马站、莒县、安丘等地。王氏组按岩性分为三段。

第一段：以紫红色、灰绿色砂岩、砂砾岩、砾岩、凝灰质砂砾岩为主，间夹页岩、粉砂岩，属河流相，局部属洪积相沉积，厚 42m。

第二段：以黄绿色、灰绿色、灰黑色及紫色页岩、砂岩为主，属河湖相及湖相沉积，厚 500~1600m。

第三段：主要为灰紫色、灰黄色、灰绿色砂砾岩，属河流相沉积，厚 300~500m。

鲁东地区王氏组主要分布于诸城、莱阳等地。王氏组按岩性也可分为三段。

第一段：由棕红色、灰绿色及紫红色粉砂岩、细砂岩、砾岩组成，属河流相沉积，厚 274~827m。

第二段：由棕红色、灰绿色泥岩、粉砂岩、砾岩组成，属河流、浅湖交互相沉积，厚 527~1389m。

第三段：上部由灰色、灰绿色及紫红色泥岩、粉砂岩、细砂岩组成，下部由棕红色、灰色砾岩及粉砂岩、细砂岩组成，属河流相及牛轭湖相沉积，厚 369~1457m。

2.1.6.4 古近系官庄组、沙河街组、东营组

新生界除缺失古新统外均发育比较齐全，主要分布在鲁西南、鲁西北平原区及中新生

代断陷盆地内。地层的分布和岩相受构造及古地理控制较明显，以陆相沉积为主，夹基性火山岩。近年来在济阳拗陷中发现海相沉积夹层。

官庄组分布在新泰、莱芜、平邑、泗水、沂源等断陷盆地中。地层具有三分性，下粗中细上粗，各段岩性及厚度情况分述如下。

第一段：以紫红色、紫灰色、灰黄色砾岩、砂砾岩为主，夹泥质粉砂岩、泥岩。本段地层厚度变化大，一般为 180~800m，泗水盆地厚达 1200m。

第二段：以紫红色、灰绿色泥岩、砂质泥岩、砂岩为主，夹泥灰岩、石膏、油页岩等。各盆地岩性变化较大。莱芜盆地以黏土岩、泥质岩为主，夹油页岩及煤线，并见玄武岩。大汶口盆地以钙质页岩、油页岩、石膏岩为主，夹泥岩、泥灰岩、岩盐及少量砾岩。此段厚度一般为 240~500m。

第三段：以红色石灰质砾岩、角砾岩为主，厚度一般为 600~1205m。

沙河街组分为四段，自下而上分述如下。

第四段：上部属于还原湖相沉积，为灰色、灰绿色泥岩、页岩夹油页岩、灰岩、白云岩、砂岩；中部以褐灰色、蓝灰色泥岩为主；下部为杂色砂岩、砾岩及泥岩，普遍含石膏。本段厚度为 800~1000m。

第三段：属浅-深湖泊相沉积，为一套灰白色砂岩、深灰色泥岩夹油页岩。此段一般厚 800m 左右，最厚达 1600m。

第二段：上部由棕红色泥岩、灰白色砂岩、含砾砂岩组成；下部由灰绿色泥岩、灰白色砂岩组成。此段厚度为 300~500m。

第一段：由深灰色、灰色泥岩夹生物灰岩、碎屑灰岩、白云岩及油页岩组成。地层厚度稳定，一般为 200~600m。

东营组为浅湖相沉积，由灰绿色、灰色、棕红色泥岩与砂岩、含砾砂岩互层组成。到北部临邑、沾化区渤海农场等地以泥岩为主，地层厚度变化较大，为 40~1000m。

以上资料表明山东省黏土岩主要包括鲁西北地区的古近系泥页岩层位、鲁中地区的二叠系以及半岛地区的古近系泥岩层位。

2.1.7　东北地区黏土岩分布区

东北地区的松辽盆地发育一套白垩系砂泥岩。地层自下而上包括登娄库组、泉头组、青山口组、姚家组、嫩江组、四方台组和明水组，其地层不整合于侏罗系火山岩系或晚古生代地层之上。

登娄库组是松辽盆地沉降初期形成的一套河湖相碎屑岩，主要分布于盆地东缘的梨树界吴家屯、怀德五台等地。靠近拗陷区由以灰黑色、深灰色夹紫色为主的泥岩、砂岩、砾岩组成。

泉头组厚度变化较大，是由杂色泥岩、砂质泥岩、砂岩组成的一套杂色层，上部为绿色泥岩，盆地边缘多出现砾岩。

青山口组由以灰黑色、深灰色为主的一套泥岩、泥质粉砂岩、砂岩组成，含丰富的介形类化石和鱼化石碎片，沉积厚度在 700m 以上。在西部白城地区青山口组边界为白城-

平安镇–胜利一线，再向西逐渐尖灭，最大厚度为 200m。在白城–安广铁路两侧，有向盆地内部舌状延伸的三角洲相砂体。总体沉积物从西向东粒度变细，并出现大量灰黑色泥岩，斜层理发育，产介形虫、叶肢介、鱼化石碎片和植物炭屑，并含黄铁矿及菱铁矿。在东部农安地区，榆树–长春–公主岭以西以棕红色泥岩为主，夹绿色、灰色泥岩、粉砂质泥岩、粉砂岩，下部以黑色泥岩、油页岩为主，沉积厚度一般在 300m，长岭地区厚度在 500m 以上。

姚家组是一套以湖相沉积为主的棕红色、褐红色泥岩与灰绿色泥岩、粉砂岩互层，可分上下两部分：下部为灰白色中细粒砂岩与灰绿色、紫红色泥岩、砂质泥岩互层，夹钙质砂岩，底部砂岩多具泥砾，泥岩中常见钙结核；上部为灰绿色、灰黑色、棕红色泥岩、砂质泥岩与灰白色、灰绿色细砂岩、粉砂岩、泥质砂岩互层，夹钙质砂岩和介形虫钙质砂岩，局部见油页岩。下部地层厚 60m，上部地层厚 150m，总厚大于 200m。姚家组由灰绿色粉砂岩、棕红色砂泥岩组成，含介形虫、叶肢介、轮藻、植物及大庆似狼鳍鱼化石。该组在榆树–小南–长春–公主岭以西，以棕红色、暗紫色泥岩、粉砂质泥岩为主要特征。长岭一带姚家组从南向北沉积厚度有增厚趋势，大 4 井见其厚度 201m。该组西界分布在镇西–向海一带，沉积厚度西薄东厚，白 28 井见其厚度约 3615m。

嫩江组在松辽盆地广泛出露，仅个别地区缺失。松花江以南盆地东部边界大约位于大房身–间堡–黑林子一线。下部以黑色泥页岩为主夹油页岩；上部为灰黑色、棕红色泥岩或与砂岩互层，沉积厚度一般在 200～400m，盆地中部厚度加大（吉 2 井见其厚 699m）。

四方台组为盆地的收缩期沉积，主要分布在盆地的中部和西部，在长岭一带分布广泛。其沉积中心在盆地中部的黑帝庙–乾安一带，厚度为 200～400m，最大厚度为黑 1 井所见的 413m，向四周逐渐变薄。深积物为灰色、灰绿色、棕红色泥岩、粉砂质泥岩与灰白色、灰绿色泥质粉砂岩、细砂岩，局部夹砂砾层。产介形虫、叶肢介、轮藻等。交错层理和斜层理较发育。白城一带沉积厚度 80～150m，总的变化西薄东厚。镇赉县南部–白城市洮北区到保镇哈拉套保–白城市洮南市黑水镇一线以西地区缺失该组。以东为灰绿色、灰黑色、棕红色泥岩、泥质粉砂岩、粉砂岩，具水平层理、交错层理、斜层理。

明水组分布在盆地中部长岭和西部白城地区，东部农安地区缺失。在大安–让字井–长岭以西沉积厚度 100～200m，最厚在黑帝庙地区，黑 1 井见其厚度达 617m，向两侧变薄。白城地区一般厚 100～200m，变化趋势为东厚西薄。明水组为一套浅滨湖至河流相砂泥质沉积，分为上下两段：上段以灰绿色泥岩、粉砂质泥岩为主，夹棕红色、灰绿色砂岩，中、上部的黑色泥岩为区域标志层；下段为棕色、灰绿色、灰白色、棕红色等杂色泥岩、粉砂质泥岩、泥质粉砂岩、粉砂岩组成的韵律互层。

2.1.8 西北地区黏土岩分布区

在西北地区，黏土岩主要分布于中新生代的盆地以及加里东期和海西期的构造中。该地区中新生代的盆地发育较大规模的稳定半深湖–深湖亚相。

2.1.8.1 准噶尔盆地黏土岩分布

准噶尔盆地调查表明，下白垩统吐谷鲁群的湖相大片分布在准噶尔盆地中央，湖盆中部以泥岩为主，夹泥质砂岩及细砂岩，沉积厚度达 1700m（郑华铃等，2007）。

2.1.8.2　塔里木盆地黏土岩分布

塔里木盆地塔东区满加尔一带的下白垩统卡普沙良群为湖相沉积，厚度 170 ~ 440m。该地区黏土岩埋深一般为 200 ~ 500m，岩性以红棕色泥岩为主，夹少量灰绿色泥岩、泥质粉砂岩（魏方欣，2010）。

2.1.9　调查小结

参考国家核安全局公布的《高水平放射性废物地质处置设施选址》（核安全导则 HAD 401/06-2013）（以下简称核安全导则）中的相关规定和要求，上述调查成果表明在我国境内存在适合建造高放废物地质处置库的黏土岩地质环境。除以上黏土岩出露区外，项目组还重点对山东淄博地区、甘肃陇东地区、青海柴达木盆地西北缘、内蒙古巴音戈壁盆地塔木素布拉格苏木（以下简称塔木素）和乌力吉苏木的苏宏图地区的黏土岩进行了系统调查研究，并将这些地区作为高放废物地质处置库黏土岩预选区的重点潜力区开展了初步实地调查研究。

2.2　厚层状黏土岩的区域分布

在调研其他国家黏土岩场址研究现状及场址筛选规范的基础上，初步提出了我国黏土岩作为高放废物地质处置库围岩应满足一定的地质条件：应选择有一定厚度（>100m）、岩层产状平缓、延展稳定的黏土岩作为地质处置库候选围岩。因此厚层状（>100m）黏土岩的区域分布情况是项目组在区域调查阶段的重点，厚层状黏土岩也是开展高放废物地质处置库黏土岩预选区调查的前提条件。

综合石油、建材和地矿等行业和部门的地质勘探资料，我国境内大部分黏土岩形成于古生代地台型浅海相和中新生代内陆湖相沉积环境，厚度一般小于 500m，分布面积广。厚层状黏土岩（泥岩、页岩）主要分布在甘肃、新疆、内蒙古、青海、山东、江苏等地。资料调研和实地地质调查说明，我国厚层状黏土岩主要赋存于不同地质时期及不同类型的沉积盆地中（图 2.2）。目前已圈定的主要沉积盆地和沉积盆地群有 40 余个，总面积达 $3 \times 10^6 km^2$。松辽盆地、渤海湾盆地、二连盆地、巴音戈壁盆地、鄂尔多斯盆地、四川盆地、柴达木盆地、准噶尔盆地、塔里木盆地等是厚层状黏土岩的主要分布区域。

华北晚古生代盆地为一个巨型克拉通盆地，盆地北面为阴山古陆，南面为秦岭-大别古陆。本区岩石地层可分为四个地层分区：北华北分区、中华北分区、南华北分区、贺兰山分区。南华北分区上石盒子组岩性主要为浅灰色、灰色中细砂岩和灰黑色紫斑状泥岩。贺兰山分区靖远组主要为灰黑色粉砂质泥岩、灰白色石英砂岩夹薄层生物碎屑灰岩和薄煤层，厚 50 ~ 400m，岩性岩相变化大，总的趋势是北部岩石粒度较粗、厚度大，向南厚度变小、含砂率低；羊虎沟组以灰黑色泥岩和粉砂质泥岩为主，夹有少量灰色、灰白色中-细粒砂岩，厚 0 ~ 1000m。南华北分区上石盒子组、贺兰山分区靖远组和羊虎沟组是厚层状黏土岩的重要层位。

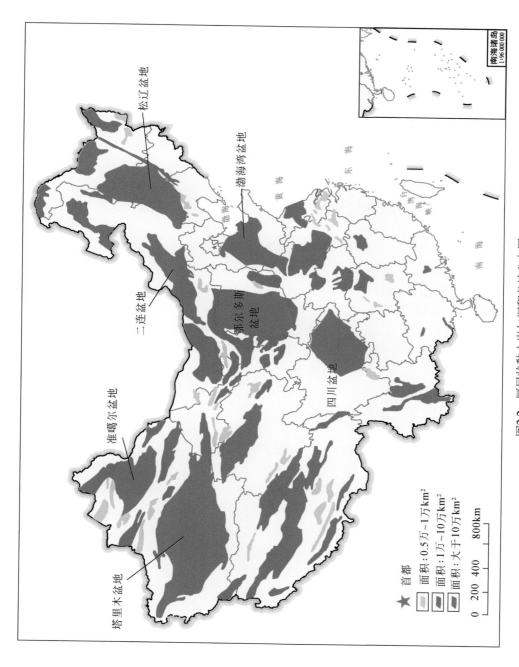

图2.2 厚层状黏土岩与沉积盆地分布图

东华理工大学高放废物地质处置黏土岩项目组绘制, 2010年

鄂尔多斯盆地中生代沉积以来都被看作是一个独立的、自成体系的沉积盆地。侏罗系直罗组下部河流相发育广泛，其低弯度河流相遍布全区；中部为一套高弯度河流相的黄绿色、杂色中细粒砂岩、粉砂岩及泥岩互层；上部以湖泊相为主，为一套紫杂色、灰绿色、灰黑色泥岩、页岩与粉砂岩互层夹砂岩的沉积组合。直罗组厚约 298.59m。安定组沉积埋藏在鄂尔多斯盆地中南部，形成了一套河流–湖泊相沉积。早期湖泊沉积以黑色页岩、油页岩、杂色及红色砂页岩为主；中期因入湖的碎屑物质较多，可达深湖区，且粒度也较早期粗；晚期以碳酸盐岩及硅质岩为主。安定层厚约 138.67m。从侏罗系富县组到安定组，泥质岩含量逐渐增加，增幅高达 32%，显示了湖泊的扩张作用。富县组和延安组的泥质岩矿物成分中高岭石含量均大于 50%，其岩石类型以高岭石和伊利石–高岭石黏土岩为主，厚层状黏土岩以沉积于直罗组下部和安定组上部为主。

2.3　厚层状黏土岩重点调查区的厘定

按照核安全导则的要求，高放废物地质处置库选址要综合考虑地质条件、未来自然变化、水文地质、地球化学、人类活动影响、建造和工程条件、废物运输、环境保护、土地利用、社会影响等 10 个方面的因素。通过对全国各地黏土岩赋存情况的分析，同时根据项目提出的黏土岩场址筛选基本准则，项目组从地质条件、水文地质条件出发选择了山东淄博地区、甘肃陇东地区、内蒙古巴音戈壁盆地、青海柴达木盆地作为厚层状黏土岩调查的重点调查区，并对以上重点调查区开展了初步的地质调查工作，获得了以上重点调查区的区域地质资料和部分地区深部钻孔的黏土岩（泥岩、页岩）样品。

2.3.1　山东淄博地区厚层状黏土岩

淄博地区的二叠系上石盒子组为一套厚层的中细粒砂岩、页岩和黏土岩互层，总厚度大于 200m，二叠系山西组为陆相砂页岩含煤建造，厚度超过 50m；石炭系太原组为页岩、泥岩、砂岩和石灰岩及煤层沉积建造，厚度大于 100m；石炭系本溪组为一套砂泥岩互层的沉积建造，厚度约 200m。在这些沉积建造中，含有一些厚层的黏土岩。

淄博博山两平黏土矿（东经 117°51′54″ ~ 117°54′15″，北纬 36°28′11″ ~ 36°29′49″）矿区内的上石盒子组中赋存有两层耐火黏土岩，中间夹有厚度约 100m 的砂泥岩互层。而石炭系太原组岩层厚度为 182m，以泥岩为主；二叠系山西组以页岩和煤层为主，厚度为75m 左右；在太原组和山西组两组岩层中共含有五层膨润土黏土岩矿体，黏土岩矿体总厚度约 70m，矿物成分中黏土矿物占 90% 以上。矿区为单斜地层，构造较为简单，但有燕山期的岩浆岩活动。就黏土岩的地质条件而言，淄博博山两平黏土矿可以作为高放废物地质处置库黏土岩预选区的重点调查区之一。

2.3.2　甘肃陇东地区厚层状黏土岩

陇东地区位于鄂尔多斯盆地，属稳定地块单元——华北板块的组成部分，以深大断裂为界与秦岭褶皱系相邻。鄂尔多斯盆地经历了前震旦纪、古生代和中生代三个大的构造演化阶段，由于其刚性的结晶基底，具有异常稳定而又复杂的基底构造。结晶基底为一套自太古宙末至古元古代的中高级变质岩系，其上沉积的中元古代至奥陶纪地层中分布有火山岩。自石炭纪转为稳定型沉积后，其上各地层中均未有岩浆活动迹象。

陇东地区主要包括庆阳、平凉、泾川、华池、环县、正宁等市县，厚层状黏土岩主要赋存于下白垩统的泾川组、环河-华池组以及平凉地区的和尚铺组、李洼峡组、马东山组、乃家河组等层位。其中环河-华池组为区内分布最广的一套厚层状黏土岩，在宁县、正宁、庆城、环县、华池等地的沟谷中均见到环河-华池组呈树枝状沿沟底或两坡下部出露。出露地表的该组层位自东向西渐次变新，说明其产状略向西倾斜；地层近于水平产出，厚度较大，连续性好。

环河-华池组自下而上岩石粒度变细，颜色由紫红色变为灰色及灰绿色夹层。据钻井资料分析，在盐池、定边、靖边东西一线以南，本组地层厚度一般为 400~500m，并有自东往西，从东北向西南加厚的趋势。据煤田勘探钻井资料，环河-华池组在宁县南部的厚度一般为300m左右，在正宁县南部的厚度约为270m，在麻黄山北西部附近的盐川井厚349.0m，在环县木钵镇曹旗村的曹基井厚551.0m，在庆阳市庆城县南庄乡南西侧的庆14井厚640.5m，在庆阳蒲河流域的庆2井厚611.0m，在庆20井厚628.0m。

综上所述，就地质条件而言，陇东地区可以作为高放废物地质处置库黏土岩预选区的重点调查区之一。

2.3.3 青海柴达木盆地厚层状黏土岩

柴达木盆地是在前侏罗纪柴达木地块上发育的一个典型的内陆湖泊沉积盆地，新生代地层发育齐全，自下而上发育有新生界古近系路乐河组、下干柴沟组、上干柴沟组和新近系下油砂山组、上油砂山组、狮子沟组。根据区域地质资料和野外地质踏勘结果，柴达木盆地西北缘厚层状黏土岩分布广泛，主要分布在下干柴沟组上部、上干柴沟组及下油砂山组中。其中茫崖地区和南八仙地区下油砂山组黏土岩发育较好，区域分布面积较大，黏土岩岩层厚度大、产状较平缓、连续性好，可以作为高放废物地质处置库黏土岩预选区的重点调查区之一。

2.3.4 内蒙古巴音戈壁盆地厚层状黏土岩

巴音戈壁盆地位于内蒙古自治区西部，东以狼山为界，西临北山，南抵北大山和雅布赖山前，北至中蒙边界及洪格尔山、蒙根乌拉山，该盆地盖层主要为中新生代陆相沉积体系。其中白垩系是盆地盖层的沉积主体，下白垩统划分为巴音戈壁组、苏红图组和银根组；上白垩统为乌兰苏海组。巴音戈壁组上段是黏土岩产出的重要层位。

下白垩统巴音戈壁组上段主要出露于盆地南部和西部，其次为测老庙地区和迈马乌苏地区，产出上、下两层黏土岩（泥岩），但两层黏土岩在空间位置上不完全一致。上层黏土岩主要产出于塔木素布拉格苏木扎木查干陶勒盖的东南地区，黏土岩厚度 100~400m，埋深较浅,顶部一般距地表数米至数十米,黏土岩厚度由南向北逐渐变薄。而下层黏土岩主要产出于塔木素布拉格苏木扎木查干陶勒盖的西南部,埋藏比较深,目前已揭露的黏土岩埋深为 500～770m,最大揭露黏土岩层连续厚度超过 150m;初步调查结果说明该地区巴音戈壁组上段下层黏土岩分布面积较广、层位稳定、连续性好,可以作为今后重点开展研究工作的区域之一。同时,前期收集资料表明,在苏宏图地区,下白垩统巴音戈壁组上段也存在厚层黏土岩,可作为今后重点开展研究工作的区域之一。

2.4　本　章　小　结

本章以全国 1∶20 万区域地质调查资料为基础,开展了全国范围内黏土岩分布地区、岩层产状平缓地区的调研及地质调查工作。调研成果表明在我国东部沿海(山东、江苏、浙江)、中部地区(安徽、湖北、江西)、西南地区(广西)、西北地区(青海、内蒙古、甘肃、新疆)均有厚层状黏土岩分布。按照核安全导则的要求,高放废物地质处置库选址要综合考虑地质条件、未来自然变化、水文地质、地球化学、人类活动影响、建造和工程条件、废物运输、环境保护、土地利用、社会影响等 10 个方面的因素,对全国各地黏土岩赋存情况分析,同时根据黏土岩场址筛选基本准则,重点从地质条件、水文地质条件出发对鲁西北地区、陇东地区、内蒙古巴音戈壁盆地和青海柴达木盆地西北缘开展初步的地质调查工作,并在此基础上开展了高放废物地质处置库黏土岩预选区重点调查区的调查与筛选工作。

3 高放废物地质处置库黏土岩
预选区重点调查区概况

通过前期的研究，查明了我国存在适合作为高放废物地质处置库围岩的黏土岩，且主要分布在我国西北地区的中新生代沉积盆地。综合考虑高放废物地质处置库选址的地质条件、未来自然变化、水文地质、地球化学、人类活动影响、建造和工程条件、废物运输、环境保护、土地利用、社会影响等10个方面的因素，将陇东地区环河–华池组、柴达木盆地南八仙地区上干柴沟组和下油砂山组、巴音戈壁盆地巴音戈壁组上段黏土岩初步确定为潜在的高放废物地质处置库黏土岩重点研究对象。并将陇东地区、鲁西北地区、青海柴达木盆地西北缘和内蒙古巴音戈壁盆地塔木素地区和苏宏图地区作为高放废物地质处置库黏土岩预选区的重点调查区，开展了更为详细的地质条件、水文地质条件、自然地理条件、经济社会条件等调查。

3.1 陇东重点调查区

在对甘肃省区域地层进行综合分析的基础上，重点查阅了靖远幅、兰州幅、公婆泉幅、庆阳幅、玉门镇幅、平凉幅、泾川幅、正宁幅、陇西幅和张掖幅的1∶20万区域地质图件及其地质报告。厚层状黏土岩的层位主要分布在玉门镇幅上侏罗统赤金堡群上岩组、古近系白杨河组；泾川幅下白垩统志丹群泾川组、环河–华池组；庆阳幅下白垩统志丹群泾川组、环河–华池组；平凉幅下白垩统和尚铺组、李洼峡组、马东山组、乃家河组；张掖幅下白垩统庙沟群、新民堡群下沟组以及陇西幅的白垩系。项目组将上述厚层状黏土岩分布区域划分为陇东地区、张掖地区和玉门镇地区，其中陇东地区厚层状黏土岩具有作为地质处置库围岩的岩性条件。陇东地区位于鄂尔多斯盆地西缘，地理坐标为东经106°53′10″~108°31′40″，北纬35°26′40″~36°14′50″（图3.1），包含了甘肃省庆阳、平凉等市。

陇东地区区域地质构造相对稳定，盆地内部断裂构造发育较少。区内厚层状黏土岩主要见于下白垩统泾川组、环河–华池组，岩性以泥岩、砂质泥岩、泥灰岩为主，岩层产状平缓，厚度大，连续性好。陇东地区主要包括庆阳、平凉、泾川、华池、环县、正宁等市县，厚层状黏土岩主要产出于下白垩统泾川组、环河–华池组以及平凉地带的和尚铺组、李洼峡组、马东山组、乃家河组。项目组将陇东地区分为平凉区、泾川正宁区及庆阳区分别进行概述。

3.1.1 平凉区

平凉区内白垩系仅有下统，分布于平凉至六盘山之间的广大区域内。按岩性划分为五个岩性组，由下至上分别为三桥组、和尚铺组、李洼峡组、马东山组、乃家河组，总厚度5130m，各组之间沉积连续，厚层状黏土岩主要分布在后四个组中。

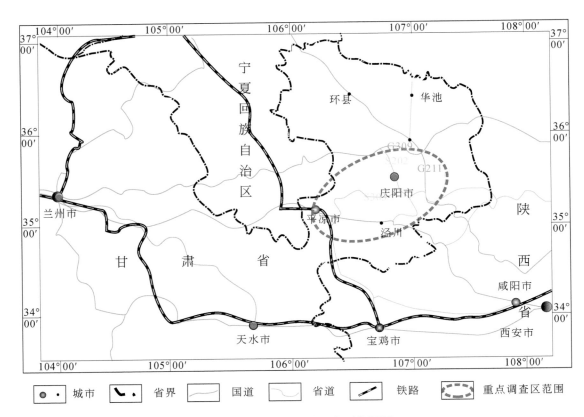

图 3.1　陇东重点调查区交通位置图

东华理工大学高放废物地质处置库黏土岩项目组绘制，2016 年

　　和尚铺组与下伏三桥组连续沉积，广泛分布在宁夏南部六盘山地区、陕西陇县固关镇三桥村及宁夏隆德县山河乡一带。因为和尚铺一带最为发育，故前人命名此组为"和尚铺层"。岩性为紫红色砂质泥岩、细砂岩，夹蓝灰色泥岩、页岩及薄层泥灰岩，产植物化石，厚 1044m。

　　李洼峡组较和尚铺组分布略为广泛，本组在贺兰褶带西侧和尚铺及邻区李洼峡一带沉积物最细，由灰绿色、紫红色相间的砂质泥岩、泥岩、泥质砂岩、泥灰岩及页岩组成韵律层，底部偶夹砂岩及砂砾岩；泥质砂岩和砂质泥岩中波痕及雨痕发育；泥岩及页岩中产叶肢介化石，厚 853m。

　　马东山组为六盘山群中分布最广泛的一个组，在地形上常常为高大的山岭，为蓝灰色夹黄绿色厚层泥岩及泥灰岩，局部出现紫红色砂质泥岩、砂岩。岩性变化较大，以六盘山地区及小关山地区沉积物粒度最细。最大厚度 619m。

　　乃家河组的分布范围与马东山组大致相同，主要出露在六盘山东麓及图幅西北角，与上覆地层古近系始新统寺口子组为平行不整合或微角度不整合接触。岩性为灰绿色、紫红色相间的泥岩，夹少量泥灰岩及石膏层，自下而上紫色岩层逐渐增多，粒度随之变粗，并出现了较多的砂岩夹层。厚度变化较大，在什字镇附近为 912m。

3.1.2 泾川正宁区

泾川县泾河剖面中泾川组以泥岩、砂质泥岩、泥灰岩为主，厚度大于100m；环河-华池组以泥岩、砂质泥岩、细砂岩为主，厚度大于100m。另外甘肃煤炭地质勘查院于2005年在甘肃省正宁县南部煤田地质详细勘查过程中，布置钻孔30个，勘探区正K23与正K25钻孔资料显示（图3.2、图3.3），环河-华池组埋深大多在200m，以砂质泥岩为主，倾角小于4°。全部钻孔资料显示（表3.1），环河-华池组厚度在114.08~300.34m，平均厚度为207.51m，岩性以砂质泥岩、泥岩、细砂岩为主，上覆第四系平均厚度约184.21m。2009年7月对泾川正宁区黏土岩进行实地地质调查，同期甘肃煤炭地质勘查院在该地区开展了钻探工作，为该区深部黏土岩的调查提供了很好的工作条件，项目组采集到了该区深部黏土岩样品（图3.4）。

表3.1 正宁县南部地层分层表

地层		厚度范围/m	岩性描述
第四系		40.25~257.40 (184.21m/50)	出露在泾河、四郎河河谷及阶地上的砂砾石层，广泛分布在塬梁峁上为各种黄土，下伏地层不整合接触
下白垩统志丹群	环河-华池组	114.08~300.34 (207.51m/50)	紫红色、暗紫红色砂质泥岩、泥岩与同色粉-细砂岩互层，夹灰绿色、蓝灰色砂质泥岩及细砂岩，下部含石膏
	洛河组	328.05~498.97 (406.59m/50)	紫红色、浅棕红色砂岩夹少量同色砂质泥岩及细砾岩，砂岩分选性好，以中粒为主，砂质胶结较差，岩性疏松均一，斜层理发育
	宜君组	1.49~34.48 (13.60m/50)	紫红色块状中砾岩，泥铁质基底，接触式胶结，较致密

注：（184.21m/50）为（厚度平均值/钻孔数）。

3.1.3 庆阳区

庆阳区的环河-华池组紧贴着洛河组向西分布，为区内分布最广的一套地层。自洛河组分布区以西广大范围内的沟谷中均可见环河-华池组呈树枝状沿沟底或两坡下部出露。环河-华池组在地表出露层位自东向西渐次变新，说明其产状略向西倾斜。

环河-华池组岩性在横向及纵向上均呈规律变化。纵向上，自下而上岩石粒度变细，颜色由紫红色为主变为灰色、灰绿色夹层出现较多。横向上，以环县合道川及其南部一带为中心，向四周岩石粒度逐渐变粗，颜色由灰色、灰绿色变为紫灰色，以致紫红色。可以推测当时湖盆中心可能位于合道川一带，并且湖盆地在本组沉积的后期渐次有所扩大。由于地层近于水平及沉积后的剥蚀作用，环河-华池组上多为"三趾马红土"不整合覆盖，地层出露不全，岩层的厚度变化不详。据钻井资料分析，在盐池、定边、靖边东西一线以南，环河-华池组厚度一般为400~500m，并有自东向西，从东北向西南加厚的趋势；在庆阳地区南侧，环河-华池组厚度一般大于600m。

地层	层号	柱状图	层厚/m	深度/m	岩性描述
第四系和新近系	1		209.55	209.55	浅黄色黄土（据钻探判层）
					——— 不整合 ———
环河-华池组	2		4.81	214.36	粉砂岩，灰绿色，质地均匀，胶结较致密，半坚硬
	3+4		29.78	244.14	粉砂质泥岩，较致密，泥质含量较高，水平层理
	5		83.5	327.64	泥岩，紫红色，质纯，细腻，具滑感，水平层理，夹灰绿色砂质泥岩薄层
	6+7		92.89	420.53	粉砂质泥岩，较致密，质地均匀，泥质含量较高，水平层理
洛河组	8~13		419.42	839.95	中砂岩、粗砂岩为主，棕红色，巨厚层状，成分主要为石英、长石，次为云母，半坚硬，具斜层理
					——— 不整合 ———
安定组	14~18		40.21	880.16	中砂岩，成分主要为石英、长石，次为云母，夹粉砂质泥岩

黄土层　——泥岩　—·—粉砂质泥岩　●●●粉砂岩　中砂岩　●●●粗砂岩

图3.2　泾川正宁区 K23 钻孔柱状图

钻孔原始资料据甘肃煤炭地质勘查院，东华理工大学高放废物地质处置库黏土岩项目组绘制，2009年

地层	层号	柱状图	层厚/m	深度/m	岩性描述
第四系和新近系	1		203	203	浅黄色黄土
					——不整合——
环河-华池组	2		14.22	217.22	浅紫红色粉砂质泥岩，块状，泥质结构，水平纹理发育，夹泥岩及细砂岩薄层
	3		1	218.22	中砂岩，浅紫红色，成分以石英、长石为主，泥质胶结
	4		17.98	236.20	粉砂质泥岩，浅紫红色，块状，泥质结构，可见少量云母片，虫孔构造发育
	5		6.88	243.08	粉砂岩，灰绿色，块状，粉砂质结构，含少量云母，水平纹理发育
	6		88.99	332.07	粉砂质泥岩，浅紫红色，块状，泥质结构，夹细砂岩及泥岩薄层
	7		11.43	343.50	细砂岩，灰绿色，以石英、长石为主，含少量云母，夹粉砂岩及泥岩薄层
	8		37.76	381.26	粉砂质泥岩，浅紫红色，块状，粉砂泥质结构
	9		2.49	383.75	中砂岩，灰绿色，以石英、长石为主，含少量暗色岩屑
	10		80.51	464.26	粉砂质泥岩，浅紫红色，块状，泥质结构，见少量云母片，水平纹理发育
洛河组	11~18		340.61	804.87	中、粗砂岩为主，棕红色，以石英、长石为主，次圆状-次棱角状，夹粉砂岩薄层

黄土层　　　粉砂质泥岩　　　粉砂岩　　　细砂岩　　　中、粗砂岩

图 3.3　泾川正宁区 K25 钻孔柱状图

钻孔原始资料据甘肃煤炭地质勘查院，东华理工大学高放废物地质处置库黏土岩项目组绘制，2009 年

图 3.4   陇东泾川正宁区灰色粉砂质泥岩及紫红色砂质泥岩岩心样品

泾川组主要为一套灰绿色、灰色泥岩、砂质泥岩、页状粉砂岩；向上部出现有杂色，向北棕红色多见，且含砂量增加。该组以具薄层平行层理，层面平整清晰，多钙质胶结，出现多层灰白色泥灰岩夹层为特征，应属淡水湖相沉积。

综合上面的分析可知，泾川组和环河-华池组都以泥岩、砂质泥岩、粉砂岩为主，产状平缓，厚度较大。尽管正宁区中侏罗统延安组为含煤岩层，且可开采煤层达到 3 层之多；但是基于高放废物地质处置库黏土岩预选区调查与筛选的地质条件视角，环县、庆阳、泾川所在的区域地质构造稳定，泾川组和环河-华池组是高放废物地质处置库黏土岩围岩调查与筛选的主要研究对象。另外，甘肃张掖地区和玉门镇地区也有厚层状黏土岩产出，张掖地区厚层状黏土岩主要位于下白垩统庙沟群和新民堡群下沟组，而玉门镇地区黏土岩主要位于上侏罗统赤金堡群上岩组与古近系中，以上两地的黏土岩可作为甘肃省境内高放废物地质处置库黏土岩调查与筛选的备选研究对象。

项目组 2009 年和 2010 年多次到甘肃陇东地区进行实地调研和取样。通过实地调研、煤田钻井岩心现场取样并结合石油、煤田勘察的钻井资料，进一步证实了陇东地区环河-华池组为厚度超过 200m 的一套以泥岩为主夹粉砂岩和粉砂质泥岩的厚层状黏土岩（图 3.5、图 3.6）。同时查明了在该区，环河-华池组之下的洛河组为含丰富地下水的砂岩层，且该地下含水层中的地下水为承压水，涌水量较大，单井日涌水量为 1000~3000t。这对于高放废物地质处置库黏土岩场址而言是一个不利的水文地质条件。

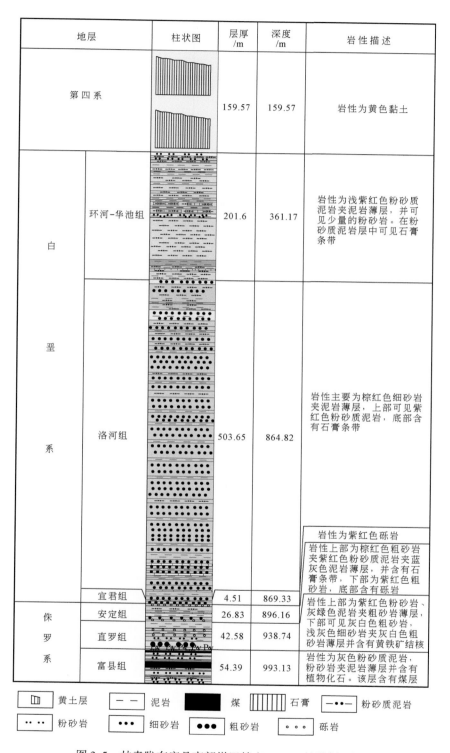

地层		柱状图	层厚/m	深度/m	岩性描述
第四系			159.57	159.57	岩性为黄色黏土
白垩系	环河-华池组		201.6	361.17	岩性为浅紫红色粉砂质泥岩夹泥岩薄层，并可见少量的粉砂岩。在粉砂质泥岩层中可见石膏条带
	洛河组		503.65	864.82	岩性主要为棕红色细砂岩夹泥岩薄层，上部可见紫红色粉砂质泥岩，底部含有石膏条带
	宜君组		4.51	869.33	岩性为紫红色砾岩 岩性上部为棕红色粗砂岩夹紫红色粉砂质泥岩夹蓝灰色泥岩薄层，并含有石膏条带，下部为紫红色粗砂岩，底部含有砾岩
侏罗系	安定组		26.83	896.16	岩性上部为紫红色粉砂岩、灰绿色泥岩夹粗砂岩薄层，下部可见灰白色粗砂岩，浅灰色细砂岩夹灰白色粗砂岩薄层并含有黄铁矿结核
	直罗组		42.58	938.74	
	富县组		54.39	993.13	岩性为灰色粉砂质泥岩，粉砂岩夹泥岩薄层并含有植物化石。该层含有煤层

黄土层　　　泥岩　　　煤　　　石膏　　　粉砂质泥岩

粉砂岩　　细砂岩　　粗砂岩　　砾岩

图3.5　甘肃陇东宁县南部煤田精查 NK408 钻孔剖面图

钻孔原始资料据甘肃煤炭地质勘查院，东华理工大学高放废物地质处置库黏土岩项目组绘制，2010 年

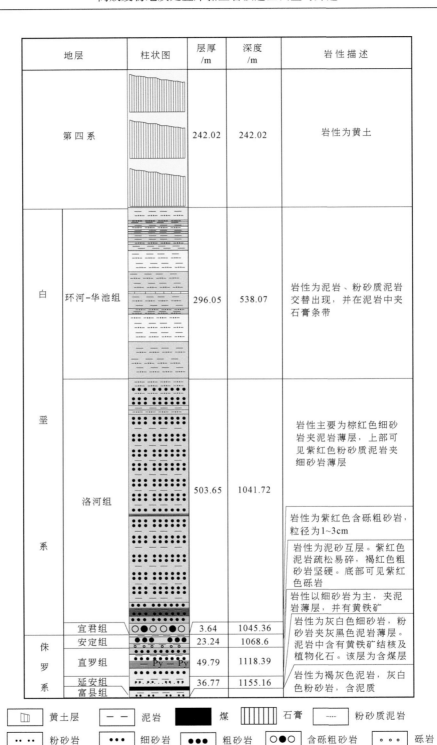

地层		柱状图	层厚/m	深度/m	岩性描述
第四系			242.02	242.02	岩性为黄土
白	环河–华池组		296.05	538.07	岩性为泥岩、粉砂质泥岩交替出现，并在泥岩中夹石膏条带
垩系	洛河组		503.65	1041.72	岩性主要为棕红色细砂岩夹泥岩薄层，上部可见紫红色粉砂质泥岩夹细砂岩薄层
					岩性为紫红色含砾粗砂岩，粒径为1~3cm
					岩性为泥砂互层。紫红色泥岩疏松易碎，褐红色粗砂岩坚硬。底部可见紫红色砾岩
					岩性以细砂岩为主，夹泥岩薄层，并有黄铁矿
	宜君组		3.64	1045.36	岩性为灰白色细砂岩，粉砂岩夹灰黑色泥岩薄层。泥岩中含有黄铁矿结核及植物化石。该层为含煤层
侏罗系	安定组		23.24	1068.6	
	直罗组		49.79	1118.39	
	延安组		36.77	1155.16	岩性为褐灰色泥岩，灰白色粉砂岩，含泥质
	富县组				

黄土层		泥岩		煤		石膏		粉砂质泥岩	
粉砂岩		细砂岩		粗砂岩		含砾粗砂岩		砾岩	

图 3.6　甘肃陇东宁县南部煤田新庄 NK1102 钻孔剖面图

钻孔原始资料据甘肃煤炭地质勘查院，东华理工大学高放废物地质处置库黏土项目组绘制，2010 年

3.2 鲁西北重点调查区

鲁西北平原区是胜利油田的主要采油区，在此区域进行石油勘探时施工了大量的钻孔，这对了解该地区深部黏土岩的产状和空间分布特征具有重要的帮助。如营二井钻孔，钻遇并揭露了第四系平原组，新近系明化镇组和古近系东营组、沙河街组；营二井的主要岩性为泥岩、粉砂岩、页岩（图 3.7）。由于东营组和沙河街组含有油页岩且其埋深较深

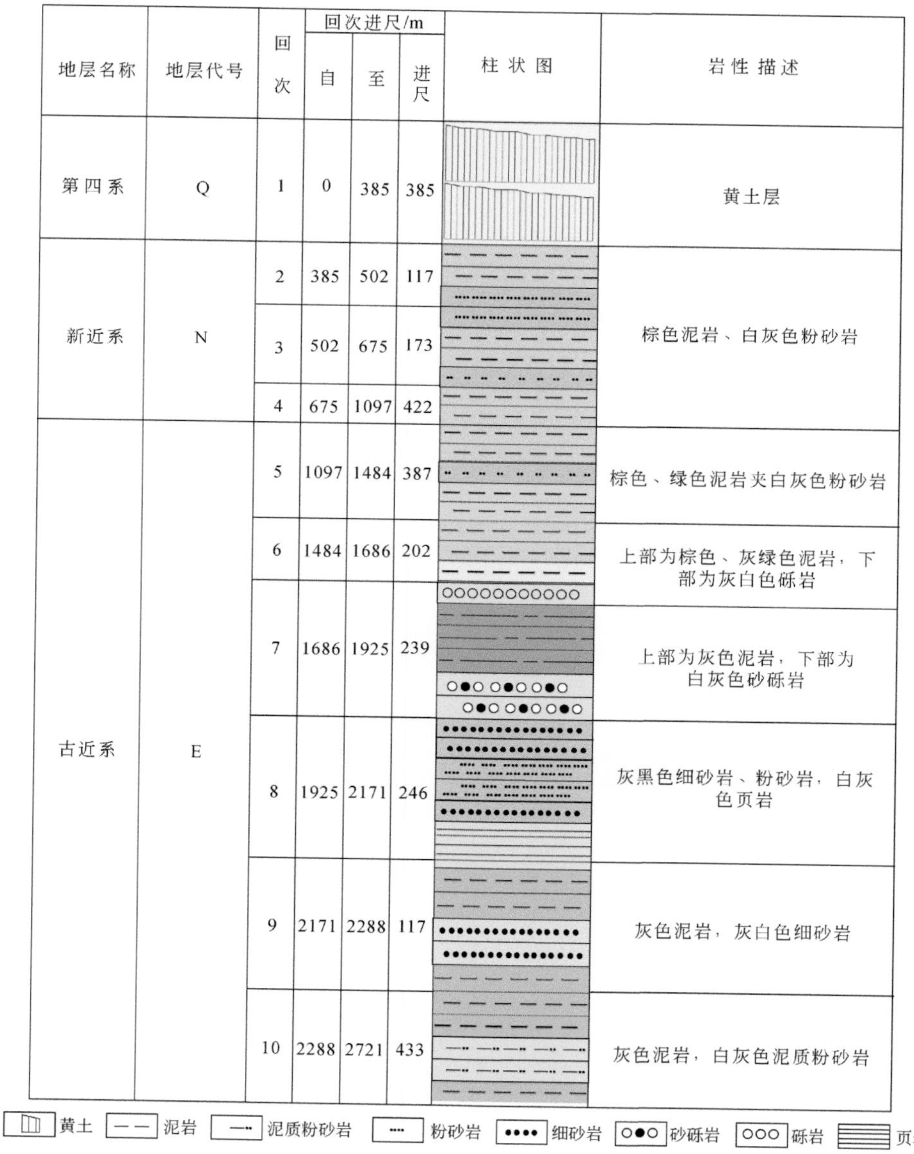

地层名称	地层代号	回次	回次进尺/m			柱状图	岩性描述
			自	至	进尺		
第四系	Q	1	0	385	385		黄土层
新近系	N	2	385	502	117		棕色泥岩、白灰色粉砂岩
		3	502	675	173		
		4	675	1097	422		
古近系	E	5	1097	1484	387		棕色、绿色泥岩夹白灰色粉砂岩
		6	1484	1686	202		上部为棕色、灰绿色泥岩，下部为灰白色砾岩
		7	1686	1925	239		上部为灰色泥岩，下部为白灰色砂砾岩
		8	1925	2171	246		灰黑色细砂岩、粉砂岩，白灰色页岩
		9	2171	2288	117		灰色泥岩，灰白色细砂岩
		10	2288	2721	433		灰色泥岩，白灰色泥质粉砂岩

图例：⌷黄土　- -泥岩　—泥质粉砂岩　····粉砂岩　●●●细砂岩　○●○砂砾岩　○○○砾岩　≡页岩

图 3.7 营二井地层柱状图

营二井位于山东省东营市广饶县丁庄街道李屋村北面约 100m 处，$x=20634470$，$y=4152813$。

东华理工大学高放废物地质处置库黏土岩项目组绘制，2010 年

（>1000m），此区域的重点研究层位为明化镇组。根据白 2 井的钻井资料，明化镇组以棕黄色、灰绿色泥岩为主，夹灰白色粉砂岩（图 3.8）；同时进一步证实，明化镇组赋存有厚层状黏土岩，颜色上可区分为棕黄色泥岩和灰绿色泥岩。其中，棕黄色泥岩脆，断口贝壳状，可塑性差；灰绿色泥岩较硬，断口贝壳状，可塑性较好。

地层	柱状图	真实厚度/m	累积厚度/m	岩性描述
第四系		20.3	20.3	含砾细砂岩
新近系		39.5	59.8	灰色细砂岩，泥质胶结，主要成分为石英、长石、云母、岩屑等，磨圆中等，分选好
		12	71.8	钙质疏松灰色中砂岩，泥质胶结
		13.6	85.4	浅褐黄色泥质粉砂岩、细砂岩
		6.6	92	砾石层
		87.6	179.6	上部为钙质疏松浅黄色含砾中砂岩，砾石，磨圆中等，分选差。下部为浅褐黄色泥质粉砂岩，局部为灰色，夹有细砂岩
		20.2	199.8	疏松浅黄色细砂岩，泥质胶结
		22.2	222	浅棕色泥岩
		13.1	235.1	浅褐黄色泥质粉砂岩
		18.3	253.4	疏松浅黄色细砂岩
		6.8	260.2	疏松灰色中砂岩，泥质胶结，磨圆中等，分选好
		24.2	284.4	浅褐黄色泥质粉砂岩夹细砂岩
		19.8	304.2	灰色含砾细砂岩，磨圆中等，分选差
		25.8	330	浅褐黄色泥质粉砂岩夹细砂岩
		8	338	浅褐黄色细砂岩
		12.2	350.2	浅褐黄色泥质粉砂岩与细砂岩互层
		40.9	391.1	灰色泥质粉砂岩与细砂岩互层
		7.3	398.4	浅黄色含砾细砂岩，钙质胶结主要成分为砾石、石英、长石、云母、岩屑等。砾石为硅质岩砾、变质岩砾等，磨圆中等，分选差
		50.5	448.9	浅褐黄色泥质粉砂岩与细砂岩互层

〔━ ━〕泥岩　〔━·━〕泥质粉砂岩　〔━·━〕细砂岩　〔●●●〕中砂岩　〔·○·〕含砾细砂岩　〔●○●〕含砾中砂岩　〔○○〕砾石

图 3.8　白 2 井地层柱状图

白 2 井位于山东省济南市商河县白桥乡 x=4119902.91，y=20525241.59。

东华理工大学高放废物地质处置库黏土岩项目组绘制，2010 年

淄博地区二叠系以砂页岩、砂岩、页岩为主（图3.9）。

地层	柱状图	层厚/m	深度/m	岩性描述
第四系		6	6	黄色黄土
二 叠 系		36	42	砂质页岩、页岩
		9	51	灰色细砂岩
		39	90	页岩
		10	100	灰白色细砂岩
		52	152	砂质页岩、页岩为主
		10	162	灰白色细砂岩
		6	168	砂质页岩
		8	176	灰白色石英砂岩
		27	203	杂色页岩
		13	216	灰白色石英砂岩
		7	223	杂色页岩
		17	240	灰白色细砂岩
		78.57	318.57	杂色页岩
		123.08	441.65	上部为细砂岩，下部为页岩
		0.13	441.78	煤
		16.5	458.28	砂质页岩与页岩互层
		0.38	458.66	煤
		7.85	466.51	页岩、砂质页岩
		0.26	466.77	煤
		12	478.77	页岩

▦ 黄土　　▤ 页岩　　▤ 砂质页岩　　⋯ 细砂岩　　■ 煤　　⋯ 石英砂岩

图3.9　淄博地区钻孔地层柱状图

东华理工大学高放废物地质处置库黏土岩项目组绘制，2010年

　　黄县煤田地处华北地台胶东地盾胶北隆起的西北边缘，其西已临近沂沭深大断裂，煤田产于一个中生代—新生代断陷盆地。第四系和新近系覆盖全区，古近系以砂页岩、黏土岩为主，在下部含有煤层与油页岩（图3.10）。由于处于大地构造比较活跃的区域，该区域断裂构造比较发育。

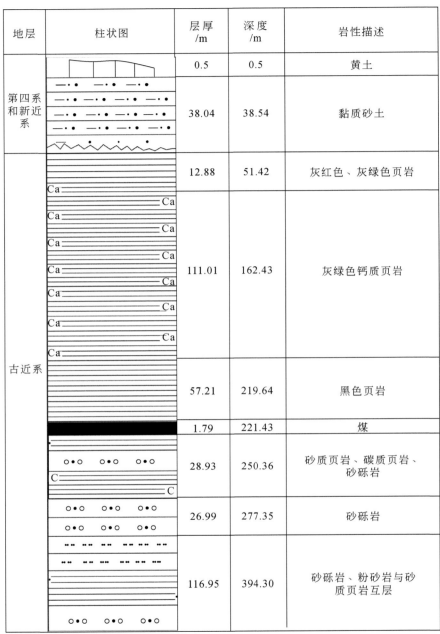

地层	柱状图	层厚/m	深度/m	岩性描述
第四系和新近系		0.5	0.5	黄土
		38.04	38.54	黏质砂土
古近系		12.88	51.42	灰红色、灰绿色页岩
		111.01	162.43	灰绿色钙质页岩
		57.21	219.64	黑色页岩
		1.79	221.43	煤
		28.93	250.36	砂质页岩、碳质页岩、砂砾岩
		26.99	277.35	砂砾岩
		116.95	394.30	砂砾岩、粉砂岩与砂质页岩互层

黏质砂土   页岩   砂质页岩   砂砾岩   煤   粉砂岩

Ca 钙质页岩   C 碳质页岩   黄土

图 3.10 山东省龙口市煤田洼里区地质勘探钻孔

钻孔位于 $x=4171939.17$，$y=40539953.69$。东华理工大学高放废物地质处置库黏土岩项目组绘制，2010 年

根据钻井资料，东营凹陷区的明化镇组、淄博地区的二叠系、龙口地区的古近系都有连续性很好的厚层状黏土岩产出；但由于油页岩和煤等资源丰富，该地区所赋存的黏土岩是否适宜作为高放废物地质处置库围岩，需进一步的综合论证。

3.3 青海柴达木盆地西北缘重点调查区

柴达木盆地是在前侏罗纪柴达木地块上发育的一个典型的内陆湖泊沉积盆地，新生代地层发育齐全，自下而上发育有新生界古近系路乐河组、下干柴沟组、上干柴沟组和新近系下油砂山组、上油砂山组、狮子沟组。厚层状黏土岩主要分布在下干柴沟组上部、上干柴沟组以及下油砂山组。此区下干柴沟组上部以泥岩为主，夹砂岩、页岩，厚度大；上干柴沟组以泥岩、砂岩、泥质粉砂岩为主，倾角一般为5°~6°，厚度大于500m；下油砂山组在盆地中部以泥岩为主，厚度较大。甘森地区中部上干柴沟组埋深在300m左右，岩性以泥岩、粉砂质泥岩及泥质粉砂岩为主，厚度大于300m，产状平缓。其中，上干柴沟组岩性以棕红色泥岩、粉砂质泥岩为主，夹不等厚的浅灰色泥岩和粉砂岩，厚度大于200m；青海柴达木盆地西部中新统下干柴沟组上段岩性以土红色、绿灰色、棕黄色泥岩为主，与灰色粉砂岩、砂岩互层，厚度大于500m。

高放废物地质处置库黏土岩预选区的调查与筛选工作聚焦于柴达木盆地大风山-茫崖以东的南八仙地区（图3.11）。南八仙地区地质构造相对稳定，区内断裂构造不发育，无规模较大的断裂，属构造相对稳定区。

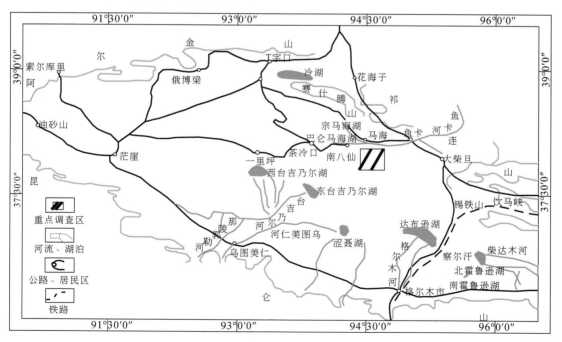

图 3.11 柴达木盆地厚层状黏土岩重点调查区位置示意图

　　南八仙地区下油砂山组较为稳定，区内构造发育较少，岩性以泥岩、砂质泥岩和粉砂岩为主，厚度大，连续性好，产状较为平缓，倾角大多介于 5° ~ 15°。其中，下油砂山组上部为黄灰色、黄绿色砂质泥岩、粉砂岩、细砂岩互层夹泥灰岩，在区内下油砂山组局部出露地表（图 3.12）；下部发育厚层状黄绿色细砂岩、棕红色泥岩、砂质泥岩互层夹砾状砂岩、泥灰岩、砾岩，厚度大于 200m（图 3.13）。

图 3.12　出露地表的油砂山组黏土岩层

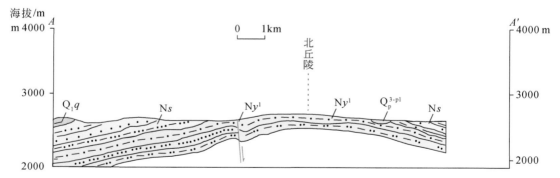

Q₁q	七个泉组：灰色块层状泥岩、砂质泥岩、粉砂岩互层夹细砂岩、碳质泥岩、鲕状泥灰岩	Q_p^{3-pl}	山前洪积扇及洪积台地：砂砾石层及中粗砂层
Ns	狮子沟组：棕灰色、黄绿色砂质泥岩、钙质泥岩、砂岩夹粉砂岩、泥灰岩	Ny¹	下油砂山组：上部黄灰色、黄绿色砂质泥岩、细砂岩互层；下部黄绿色细砂岩、棕红色泥岩

图 3.13　青海省柴达木盆地南八仙北丘陵地质剖面图

据青海省核工业地质局，《南八仙 1∶20 万地质图》；东华理工大学高放废物地质处置库黏土岩项目组绘制，2010 年南八仙地区下油砂山组下伏地层为上干柴沟组，其岩性特征为上部灰色、灰绿色巨厚层砂岩与棕红色泥岩、砂质泥岩互层夹泥质粉砂岩、泥灰岩；下部灰绿色、灰色巨厚砂岩、细砂岩夹杂色砂质泥岩、粉砂岩，底部为砾岩。

上油砂山组上覆地层主要为狮子沟组，也是该区地表可见的主要岩层之一；其岩性主要为棕灰色、黄绿色砂质泥岩、钙质泥岩、砂岩夹粉砂岩、碳质泥岩、泥灰岩。另外该地区还有部分第四系的山前洪积扇及洪积台地，以砂砾石层及中粗砂层为主。

柴达木盆地南八仙地区实地调查表明，该地区上油砂山组以泥岩、砂质泥岩和粉砂岩为主，厚度大，连续性好，产状较为平缓，区内构造不发育；加之该地区为无人的荒漠区且区内没有发现有价值的矿产资源。因此，该地区可作为高放废物地质处置库黏土岩预选区重点工作区之一。

3.4　内蒙古巴音戈壁盆地塔木素重点调查区

3.4.1　地理概况

巴音戈壁盆地位于内蒙古高原西部，区内交通较为便利。塔木素地区是目前该盆地内两处黏土岩重点调查区之一，塔木素与阿拉善右旗、阿拉善左旗及额济纳旗均有公路相通，北部有巴彦淖尔市至额济纳旗的铁路通过（图3.14）。

巴音戈壁盆地塔木素地区地处中蒙边境，位于巴丹吉林沙漠的东部边缘区，属边陲少数民族聚居地，人烟稀少，蒙汉杂居，经济相对落后。区内地势总体北西高、南东低。一般海拔$1270 \sim 1330m$，相对高差约60m。地表大多被第四系沙土及沙丘覆盖，沙丘相对高度$10 \sim 20m$。区内属中温带大陆性气候，干旱少雨，夏热冬寒，昼暖夜凉，蒸发强烈，无霜冻期短。年平均气温$6.8 \sim 8.8℃$，日最高气温44.8℃，日最低气温约-40℃。年平均降水量为$50 \sim 125mm$，年平均蒸发量$2800 \sim 4100mm$，蒸发量为降水量的30倍左右。区内水系、植被不发育，水系多为季节性水流和干河床；塔木素南西部零星分布大小不等的湖泊，由于强烈蒸发，湖水浓缩，矿化度增大，结晶沉淀，大部分湖泊底部形成食盐、芒硝等矿产。区内植被主要有荒漠残林草原植被和灌木草原植被两种，由于荒漠化程度高，植被覆盖率很低。塔木素地区及其周边已探明有铁矿、铜矿、金矿、萤石、花岗岩、大理石、石盐等矿产资源，该区目前正在进行铀矿勘查工作。

3.4.2　区域地质背景

3.4.2.1　巴音戈壁盆地构造分区

现有研究认为，巴音戈壁盆地位于塔里木板块、哈萨克斯坦板块、西伯利亚板块和华北板块四大毗邻板块构造陆-陆碰撞的结合部位，主要经历了古生代的陆-陆碰撞以及中生代的走滑拉分等区域构造的演化过程。由于多板块结合部位构造活动差异明显，构造运动

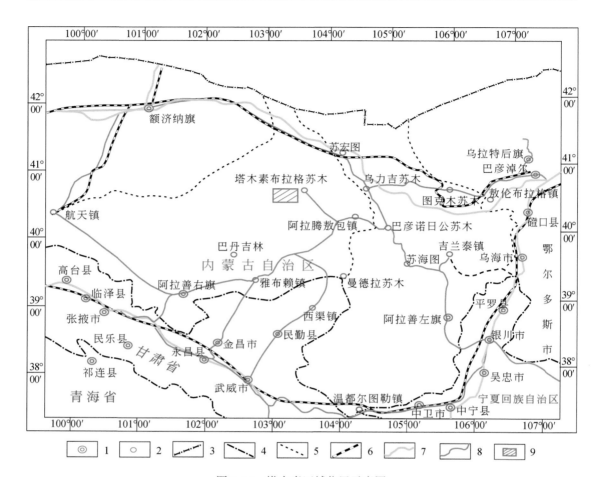

图 3.14　塔木素区域位置示意图

1-市、县（旗）；2-乡镇；3-国界线；4-省界线；5-旗（县）界线；6-铁路；

7-高速公路；8-公路；9-重点调查区。

据核工业二〇八大队资料，东华理工大学高放废物地质处置库黏土岩项目组绘制，2015 年

的非均匀性往往导致其上覆盖层（中生代沉积盆地）形成隆起和拗陷相间出现的构造格局。依据重力、磁力等地球物理勘探结果的综合解释，巴音戈壁盆地的构造单元可划分为 5 个拗陷和 8 个隆起带（图 3.15）。

巴音戈壁盆地总体呈近东西向展布，以宗乃山-沙拉扎山隆起为界分为北部拗陷和南部拗陷，北部拗陷包括查干德勒苏拗陷、苏红图拗陷和拐子湖拗陷，南部拗陷包括银根拗陷和因格井拗陷。塔木素地区位于因格井拗陷内，该拗陷北侧以宗乃山隆起为界，南侧以雅布赖-哈拉乌山断裂为界，呈北东向展布，面积约 8800km²，航磁解译结果推测基底为埋深大于 500m 的等深线圈闭；该拗陷区内沉积稳定，相变小，深度变化梯度大，北侧略缓，埋深一般大于 1000m，最大深度超过 3000m。

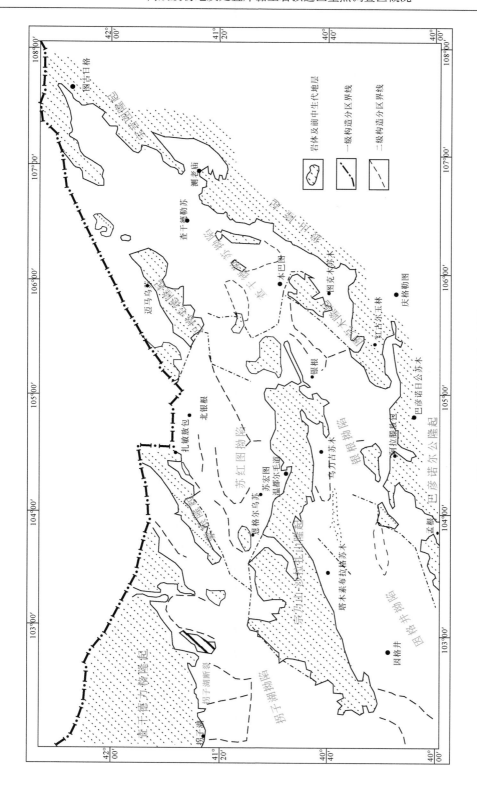

图3.15 巴音戈壁盆地构造分区图

据核工业二〇八大队资料、东华理工大学高放废物地质处置库黏土岩项目组绘制, 2015年

3.4.2.2　研究区断裂构造特征

塔木素地区工作区内共有 8 条主要断裂构造（图 3.16）。

1）笋布尔断裂（F1 断裂）

笋布尔断裂位于笋布尔一带，为宗乃山–沙拉扎山南缘断裂的一部分，为北西部低山丘陵区与山前倾斜平原地貌分界线，西段走向 65°，自笋布尔向东渐转为 90°。该断裂总长 200 余公里，出露长度约 70km，大多数地段被下白垩统巴音戈壁组超覆，或被第四系掩盖，仅在塔木素西部、巴龙苏两地断层线偶见出露，为一大型隐伏构造。该断裂强烈破坏上石炭统及海西期岩体，沿塔木素、笋布尔一带蚀源区的石英闪长岩、花岗闪长岩及花岗岩体普遍发育片理、片麻理；片理化糜棱–碎裂岩带呈北东走向，长约 10km，宽数百米；片理、片麻理北倾、南倾均有，倾角 60°～80°，以北倾为主；片理、片麻理倾向基本代表了断裂的倾向，即总体向北倾斜。

2）塔木素断裂（F2 断裂）

塔木素断裂属压性断裂，位于塔木素北部一带，走向呈北东 70°，向南东倾斜，倾角 70°～80°，断裂长约 40km。沿走向略显舒缓波状，南盘常呈 0～3m 的断层陡坎，断层西段中侏罗统逆冲于下白垩统巴音戈壁组下段之上。

3）乌兰陶勒盖断裂（F3 断裂）

乌兰陶勒盖断裂位于扎干好来北西的乌兰陶勒盖一线，走向 55°，向北西倾斜，倾角 40°。该断裂地表出露长度约 10km，发育于下白垩统红层中，北西盘可见与之呈“入”字形的小褶皱。

4）乌兰铁布科断裂（F4 断裂）

乌兰铁布科断裂为一压性断裂，展布于多勒格–夏勒扎干准好来–乌兰铁布科–乌兰陶勒盖一线，呈北东走向，西段总体走向 67°，自乌兰铁布科向东至乌兰陶勒盖渐转为 90° 左右，构成宗乃山隆起带与南侧因格井拗陷带的分界线。断裂在区内长度约 65km，大部分地段被第四系覆盖，仅局部于下白垩统中偶见出露。局部造成巴音戈壁组上、下岩段断层相接，大多数地段发育于巴音戈壁组下段，形成岩石破碎带，沿破碎带的大多数岩石已碳酸盐化。在夏勒扎干准好来–乌兰铁布科形成长约 21km 的串珠状湖泊地貌。

5）查库尔图断裂（F5 断裂）

查库尔图断裂为压性断裂，断裂西部阿木乌苏呼都格一带为向南东突出的弧形断层，其西段为近东西向，向东至查库尔图一带走向为 60°。西端努和查干呼都格以西，被一条北北东向小型断层切断，在查库尔图一带断层显示不明显，向北东又清晰可见，展布方向约 70°。该断裂总长度约 41km，断层发育于下白垩统，北（上）盘高于南盘，形成 3～5m 高的断层崖，沿断层线有结核状硅质岩，并可见断层泥，两盘地层走向明显相交，推测断层面向北西陡倾。

6）扎干好来压扭性断裂（F6 断裂）

扎干好来压扭性断裂总体走向东西，断面陡倾；西段北倾，东段南倾，地表出露长度

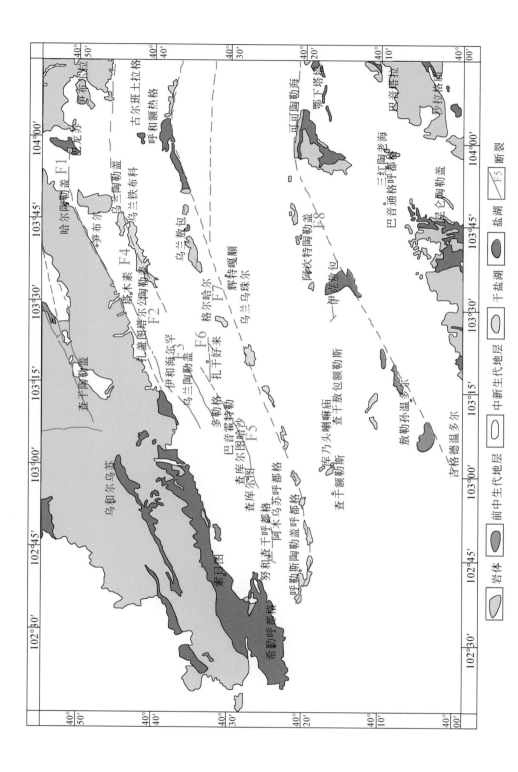

图3.16　塔木素地区构造体系示意图

据核工业二〇八大队资料, 东华理工大学高放废物地质处置库黏土岩项目组绘制, 2015年

约 8.5km，断裂发育于下白垩统红层中，断层崖发育，局部崖高 11～12m；断裂带大体呈舒缓波状，断裂带内断层泥风化后呈松软的粉末状虚土。其南盘东段发育一北东向压性断裂，可能与之构成"人"字形，西段被晚期的查库尔图断裂所切断，说明为一早期断裂。

7）那仁哈拉压扭性断裂（F7 断裂）

那仁哈拉压扭性断裂位于呼勒斯陶勒盖呼都格–那仁哈拉山–塔布陶勒盖一带，断裂规模较大。西部被上白垩统红层和第四系覆盖，为一隐伏大断层。在浩尧尔呼都格北侧及其以东，走向为 75°，向西在呼勒斯陶勒盖呼都格一带为近东西向，往西走向渐变为 290°，就其总体来看为一向南突出的弧形隐伏断层，现代地貌表现为串珠状盐碱沼地，延伸长度 36km 以上。中东部呈北东走向，树槐头以东至那仁哈拉走向 65°，向东一直延至东部塔布陶勒盖一带。该断裂总长大于 250km。

8）巴丹吉林断裂（F8 断裂）

巴丹吉林断裂位于伊和高勒、布尔德乌拉、树贵湖一线，为航磁解译推测断裂，走向 65°，向南西及其东部延至重点调查区外，是一条区域性控盆断裂。该断裂在树贵湖以西显示较为明显，往东构造形迹逐渐模糊，在重点调查区内长约 90km（F8 断裂）；南东盘地势骤然变陡，形成一北东向延伸的陡立带，北西盘则为缓坡，分析其断面可能向南东倾斜；该断裂所处部位沉降幅度较大，最大位于伊和高勒北西部及南西部，即位于断裂带的北盘，航测解译推测基底最大埋深 3km 以上；沉降带中第四系风成沙极为发育，出露的基岩多为白垩系，地表多被风成沙覆盖。断裂带内大小不等的湖泊呈串珠状线性展布。

对塔木素地区黏土岩影响较大的断裂主要为乌兰铁布科断裂（F4 断裂）、扎干好来压扭性断裂（F6 断裂）和那仁哈拉压扭性断裂（F7 断裂）。

盆地内部断裂构造总体上沿袭了区域断裂与控盆断裂构造系统的特点，以北东向、近东西向两组断裂构造为主；这些断裂构造与区域断裂及控盆断裂的复合，控制了盆地隆拗相间构造格局，同时也控制了沉积相、沉积体系的类型和黏土岩的空间展布。

3.4.2.3 地层特征

1）盆地基底及蚀源区岩浆岩特征

位于因格井拗陷内的塔木素地区的盆地基底及蚀源区地层由太古宇、元古宇和古生界的变质岩系组成，主要为古元古界和古生界的变质岩系。太古宇由混合质斜长角闪片麻岩、浅粒岩、透辉大理岩、变粒岩等组成，分布于重点调查区南东部蚀源区一带。古元古界为片岩、结晶灰岩、片麻岩、混合岩和大理岩夹砾岩，主要分布于重点调查区的西部和南东部，两者共同组成了盆地的结晶基底。盆地南缘及中部蚀源区为大陆壳基底，属华北地台组成部分。古生界由上石炭统砂岩、灰岩、大理岩、千枚岩、安山岩、流纹岩、安山玄武岩，二叠系的长石硬砂岩、砾岩、砂岩、粉砂质泥岩、灰岩、泥灰岩、安山岩夹玄武岩、英安岩、凝灰岩组成，主要分布于重点调查区的西部和东部（图 3.17，表 3.2）。

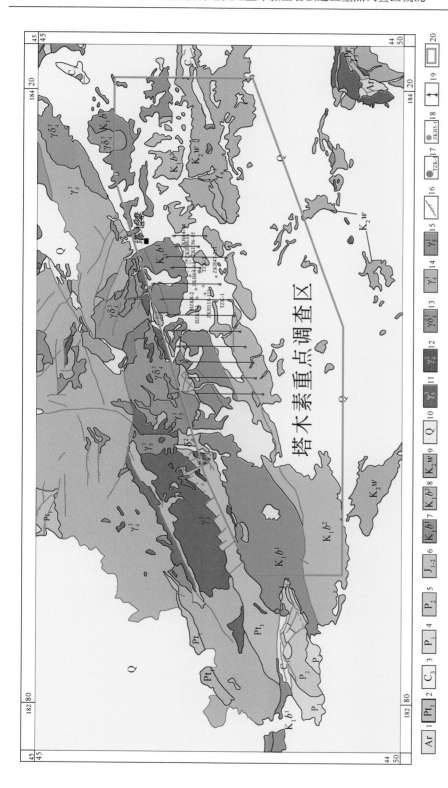

图3.17　塔木素地区地质图

1-太古宇；2-古元古界；3-上石炭统；4-下二叠统；5-上二叠统；6-中下侏罗统；7-下白垩统巴音戈壁组下段；8-下白垩统巴音戈壁组上段；9-上白垩统乌兰苏海组；10-第四系；11-加里东晚期花岗岩；12-海西早中期辉长岩；13-海西晚期花岗闪长岩；14-海西晚期花岗岩；15-印支期花岗岩；16-断裂；17-项目钻孔；18-核工业二〇八大队钻孔；19-地震测线；20-重点调查区。

据核工业二〇八大队资料，东华理工大学高放废物地质处置库黏土岩项目组绘制

表 3.2 塔木素地区基底地层一览表

地层				岩性描述
界	系	统	组	代号	

界	系	统	组	代号	岩性描述
古生界	二叠系	上统		P$_2$	下部为褐黄色、灰色、褐灰色含钙质砾岩、砂砾岩、砾状灰岩、钙质硬砂岩、砂质灰岩夹流纹质英安质熔岩、凝灰岩、粗面岩和玄武安山岩。上部为浅灰色、灰绿色含黄铁矿长石砂岩、粉砂岩及少量砂质灰岩等
		下统		P$_1$	碎屑岩及碳酸盐岩等
	石炭系	上统	阿木山组	C$_3a$	上段以灰色白云石大理岩、安山岩、流纹质凝灰熔岩为主。下段以灰白色、黄褐色砾岩、砂岩、千枚岩、碳酸盐岩为主；中段为灰绿色、灰紫色英安流纹质凝灰岩、凝灰质细粉砂岩、凝灰熔岩、流纹岩、安山岩、蚀变玄武岩夹砂岩、片岩、千枚岩、板岩等
古元古界				Pt$_1$	片岩、结晶灰岩、片麻岩、混合岩和大理岩夹砾岩
太古界				Ar	混合质斜长角闪片麻岩、浅粒岩、透辉大理岩、变粒岩等

区内岩浆活动强烈，多旋回特征明显，加里东期至印支期均有活动，岩浆岩分布广泛，以海西晚期花岗岩分布最为广泛（图 3.17）。加里东晚期岩浆岩主要分布于塔木素地区的西部和南东部，由花岗岩、黑云母花岗岩组成。海西晚期岩浆岩是区内规模最大的一次岩浆活动，形成了横亘区内的巨大花岗岩基底，分布于塔木素的北部、西部宗乃山-沙拉扎山一带，以灰红色中粒斑状黑云母花岗岩、二长花岗岩、斜长花岗岩、钾长花岗岩及细中粒黑云母斜长花岗岩为主，有少量中细粒黑云母花岗闪长岩。而印支期岩浆岩主要出露于塔木素的西部，以肉红色、砖红色中粒花岗岩为主。

2）盆地盖层特征

盆地盖层主要为中新生代沉积岩系，且均为陆相沉积体系的产物。在巴音戈壁盆地，白垩系是盆地盖层的沉积主体，下白垩统划分为巴音戈壁组、苏红图组和银根组，巴音戈壁组又分为下段和上段；上白垩统为乌兰苏海组。在塔木素地区，以巴音戈壁组下段、上段岩层为主，缺失苏红图组和银根组；其中巴音戈壁组上段是黏土岩产出的重要层位。上白垩统乌兰苏海组在塔木素地区沉积较薄，第四系主要为一些风成沙土，厚度较薄（表 3.3）。

表 3.3 塔木素地区沉积盖层特征表

地层						厚度/m	岩性描述	备注
界	系	统	组	段	代号			
新生界	第四系				Q	10	湖沼沉积的土黄色黏土、淤泥、食盐、芒硝及风成沙	

续表

界	系	统	组	段	代号	厚度/m	岩性描述	备注
中生界	白垩系	上统	乌兰苏海组		K_2w	>200	上部为砖红色、杂色泥质粉砂岩、泥岩、钙质砂岩、含砾砂岩，夹泥砂质灰岩和石膏层，产脊椎动物化石，在可可陶勒海地区见玄武岩；下部为砖红色、褐红色泥质含砾砂岩、泥质砂砾岩、砾岩等	
		下统	巴音戈壁组	上段	K_1b^2	>911	砖红色、紫红色、黄色砂砾岩，灰色、黄色砂岩与砖红色粉砂岩，灰色泥岩、粉砂岩。上部以灰色细碎屑岩为主，下部以砂岩为主	见铀矿化
				下段	K_1b^1	1418	红色、褐红色、紫红色、橘红色、灰白色砾岩、砂砾岩、泥质砂砾岩、砂岩，夹薄层红色、紫红色粉砂岩和泥岩，局部可见灰色细碎屑岩	
	侏罗系	中下统			J_{1-2}	4000	杂色砾岩、砂砾岩、硬砂质砂岩夹泥灰岩和凝灰岩等。下部以细砂岩为主，夹砂砾岩、泥页岩及煤线；上部为灰色、深灰色、黑色凝灰岩夹火山角砾岩	

3.5 内蒙古巴音戈壁盆地苏宏图重点调查区

3.5.1 地理概况

苏宏图重点调查区位于阿拉善左旗北部的乌力吉苏木行政区域内，该苏木东与敖伦布拉格镇、乌拉特后旗接壤，南与巴彦诺日公苏木、阿拉腾敖包镇相连，北与蒙古国交界（图3.18），自然地形为南高北低，地貌以戈壁、荒漠、丘陵为主。区域气候受到海拔和沙漠的影响，干旱少雨，光、风资源较丰富，而水资源奇缺。

其气候属典型的内陆气候类型，干旱少雨，蒸发量大，夏季炎热，冬季寒冷，昼暖夜凉，温差较大，平均气温8.6℃，风向以西北风为主，平均日照百分率为73%，年平均降水量为70mm，降水主要集中在7月、8月、9月，全年7/8级大风日数在50天左右，大风多出现在3~5月，大风常伴有扬沙天气。乌力吉苏木境内无常年性地表水，地表水主要为湖盆洼地积水，地下水是第四系潜水，埋深2~3m，水质较好，主要靠降水补给，因此水量缺乏。境内主要土壤类型为灰漠土、灰棕漠土、盐碱土、沼泽土；植物属荒漠、半荒漠植被类型，植被稀疏，灌木、小灌木占据优势地位；草场类型为沙漠湖盆草场、山地丘陵草场、戈壁草场等。

图 3.18　苏宏图交通位置图

1-市、县（旗）；2-乡镇；3-国界线；4-省界线；5-旗（县）界线；6-铁路；7-高速公路；8-公路；9-重点调查区。

据核工业二〇八大队资料，东华理工大学高放废物地质处置库黏土岩项目组绘制，2018 年

3.5.2　区域地质背景

3.5.2.1　区域构造特点

　　苏宏图的大地构造位置处于巴音戈壁盆地苏红图拗陷，巴音戈壁盆地位于华北地台与天山地槽褶皱系的过渡部位，南部为华北地台阿拉善台隆及狼山–白云鄂博台缘拗陷带，北部为天山地槽褶皱系北山晚海西褶皱带，东部与内蒙古中部地槽褶皱系相毗邻。受基底形态及断裂构造的控制，形成向东至宝音图隆起收敛尖灭，向西展开并湮没于巴丹吉林沙漠之中的盆地构造格局。

3.5.2.2 区域断裂特征

研究区位于苏红图坳陷的次级凹陷——艾力特格凹陷，北至苏红图深断裂，南界为宗乃山-沙拉扎山隆起带，呈东西向展布，倾向北。出露的主要地层为下白垩统苏红图组、巴音戈壁组，基底埋深小于500m。断裂活动期主要为海西期，其次为加里东期及燕山期。中新生代以燕山期断裂为主，印支期和喜马拉雅期分布较少。按走向可分为三个方向的断裂，其中以北东向、北东东向较为发育，具有延伸长及活动时间长等特点，控制了坳陷的沉积和构造发育，其次为北西向。该区主要断裂详细情况如下。

1）拐子湖断裂

拐子湖断裂为巴丹吉林沙漠北部边缘，该断裂分布于研究区西部拐子湖、乌兰巴兴一线，向西延至额济纳旗查干哈，全长约280km，呈东西向展布，断裂深度较大。磁异常表现为线性梯度带，串珠状磁异常，同时又是剧烈变化的正磁场和相对平静的负磁场分界线，两侧磁场方向不同。以拐子湖断裂为界，在研究区西部形成了巴丹吉林沙漠北部边缘；南部则为条带状分布的具独特地貌特征的中新生代槽地。可见上白垩统和第四系，厚度较薄，说明该断裂在第四纪仍有少量的活动。

2）沙拉扎山北缘断裂

沙拉扎山北缘断裂是苏红图坳陷和沙拉扎山隆起的边界，该断裂位于温都尔毛道嘎查-路登哽高勒一带，呈东西-北东向展布，倾向南，倾角陡，全长约150km。断裂形成于加里东期，后期活动较为频繁，控制了沙拉扎山花岗岩基的空间展布。中新生界该断裂以升降运动为主，控制了苏红图坳陷和沙拉扎山隆起的东部边界。

3）宗乃山-沙拉扎山南缘断裂

该断裂在沙拉扎山前为东西向，向西至宗乃山转北东向侧伏于沙漠中，全长大于250km，总体走向为北东-东西向，是宗乃山-沙拉扎山隆起与因格井坳陷和银根坳陷的分界断裂。断裂航磁反映为线性梯度带。断裂向北倾斜，倾角陡。在塔木素一带总体延伸方向55°~70°，倾向多变，倾角40°~80°。断裂带岩石破碎，在哈尔扎盖西见中下侏罗统逆冲于下白垩统之上。该断裂是侏罗纪重要的控盆断裂，现已查明在因格井坳陷和乌力吉坳陷深部存在厚层中下侏罗统碎屑岩和火山岩。

4）苏红图断裂

该断裂从研究区西部巴彦呼都格至苏亥阿尔到东部阿勒陶勒一带，呈东西向延伸200km以上。研究区碱性玄武岩的形成和分布及中生代断陷盆地明显受控于该断裂。综合研究区玄武岩岩石学、岩石地球化学特征，可推知碱性系列玄武岩是来自一种低密度异常地幔的部分熔融产物，在其演化过程中经历了强烈的壳幔成分混染，是混染有陆壳成分的幔源产物，其产出的构造环境为深大断裂-裂谷环境，属超岩石圈断裂。区内中生代裂谷盆地是在晚古生代乌力吉裂谷盆地基础上形成的，两者明显受控于该断裂，反映了断裂的多期活动性和盆地演化的继承性。

3.5.2.3　地层特征

区内盆地中新生界发育不全，且均为陆相沉积，三叠系和侏罗系因盆地基底抬升，仅局部接受沉积，分布范围有限。白垩系是盆地中分布最广、发育齐全、厚度最大的地层，在各拗陷中均有分布。古近系及第四系相对少而薄，新近系缺失（表3.4）。

表3.4　巴音戈壁盆地沉积盖层特征

<table>
<tr><th colspan="6">地层</th><th>地层厚度</th><th rowspan="2">岩性描述</th></tr>
<tr><th>界</th><th>系</th><th>统</th><th>组</th><th>段</th><th>代号</th><th>/m</th></tr>
<tr><td rowspan="2">新生界</td><td>第四系</td><td></td><td></td><td></td><td>Q</td><td>180</td><td>土黄色黏土、淤泥及风成沙</td></tr>
<tr><td>古近系</td><td>始新统</td><td>阿力乌苏组</td><td></td><td>E_2a</td><td>356</td><td>钙质胶结长石粉砂岩、细砂岩夹泥岩、粉砂质泥岩</td></tr>
<tr><td rowspan="6">中生界</td><td rowspan="6">白垩系</td><td>上统</td><td>乌兰苏海组</td><td></td><td>K_2w</td><td>400</td><td>上部以中-细砂岩为主，其次为细砂岩、含砾细砂岩；中部为中-细砂岩夹泥质砂岩；下部为粉砂岩、细砂岩、砂砾岩</td></tr>
<tr><td rowspan="5">下统</td><td>银根组</td><td></td><td>K_1y</td><td>749</td><td>上部为灰褐色、灰绿色泥岩、砂质泥岩与砂岩、砂砾岩不等厚互层；下部为灰色、深灰色泥岩、泥质粉砂岩、砂岩</td></tr>
<tr><td rowspan="2">苏红图组</td><td>上段</td><td>K_1s^2</td><td>860</td><td>深灰色泥岩、砂质泥岩与灰色、浅灰色含砾砂岩、砂岩、粗砂岩不等厚互层，夹深灰色页岩及灰黑色玄武岩</td></tr>
<tr><td>下段</td><td>K_1s^1</td><td>650</td><td>深灰色、灰色泥岩、粉砂质泥岩与浅灰色泥质粉砂岩不等厚互层，夹玄武岩等</td></tr>
<tr><td rowspan="2">巴音戈壁组</td><td>上段</td><td>K_1b^2</td><td>>911</td><td>上部为长石细砂岩、粉砂岩、粉砂质泥岩、页岩；下部为长石砂岩、长石石英砂岩、泥岩不等厚互层</td></tr>
<tr><td>下段</td><td>K_1b^1</td><td>1418</td><td>上部为泥质砂砾岩、含砾砂岩、泥质砂岩；下部为砾岩、砂砾岩、中粗砂岩</td></tr>
</table>

1）白垩系

区内白垩系划分为下白垩统和上白垩统。

下白垩统是盆地盖层的沉积主体，在各拗陷中均有分布，是区内黏土岩选址的目的层位。由宁夏区域地质调查队（1980年）命名，从下到上分为巴音戈壁组、苏红图组和银根组，其中巴音戈壁组和苏红图组从下到上又进一步分为下段和上段。

巴音戈壁组下段出露于各拗陷的边部，总体以红色、褐红色、紫红色、橘红色、灰白色砾岩、砂砾岩、泥质砂砾岩、砂岩为主，夹薄层红色、紫红色粉砂岩和泥岩，局部可见灰色细碎屑岩，厚大于1418.4m。底部多为砾岩，往上渐变为砂砾岩及含砾砂岩、细碎屑岩，见不完整正韵律层。

巴音戈壁组上段主要出露于盆地南部和西部,测老庙和迈马乌苏有出露,岩性为砖红色、紫红色、黄色砂砾岩、砂岩,灰色、黄色砂岩,砖红色粉砂岩,灰色泥岩、粉砂岩呈不等厚互层,主要为一套细碎屑岩沉积,具水平层理。

苏红图组为一套中基性火山岩与正常沉积岩组合,主要岩性为黄绿色、紫黑色安山岩、粗安岩,灰绿色、灰黑色玄武岩与砂岩、粉砂岩及泥岩互层。主要分布于盆地北部和东部,厚达1510m,在巴隆乌拉、乌力吉苏木等地零星出露。分两个岩性段,下段为灰黑色、灰色泥岩、粉砂质泥岩与浅灰色泥质粉砂岩不等厚互层,上段为暗褐色、深灰色泥岩、砂质泥岩与灰色、浅灰色含砾砂岩、砂岩不等厚互层。岩石化学及地球化学表明中基性火山岩为板内相对稳定构造环境下形成的板内裂谷碱性玄武岩,其形成受深大断裂控制,岩浆来源于深部地幔。化石组合与巴音戈壁组上段具有一定的相似性,说明苏红图组与巴音戈壁组上段为同期异相产物。

根据石油部门的资料,在查干德勒苏拗陷查参1井下白垩统顶部又命名银根组,为下白垩统最上部层位,地表未见露头。银根组在巴1井、毛1井中均有揭露,与上覆及下伏地层呈明显的角度不整合接触,岩性上部为暗褐色、褐灰色、灰绿色泥岩、砂质泥岩与砂岩、含砾砂岩、砂砾岩不等厚互层,河流相沉积为主;下部为灰色、深灰色泥岩、砂质泥岩夹含砾砂岩、砂岩、泥质粉砂岩、碳质页岩,含煤屑及条状砂体,具滨浅湖相沉积特点。

上白垩统为乌兰苏海组,在区内分布较广,南部和西部地区上白垩统1:20万幅命名为乌兰苏海组,北部海力素、乌尔特幅命名为二连达布苏组,二者沉积特征具有一定的相似性。上部为砖红色、杂色泥质粉砂岩、泥岩,局部地区夹泥砂质灰岩和石膏层;下部为砖红色泥质砂砾岩、褐红色泥质含砾砂岩等,砾石成分为花岗岩、玄武岩、泥岩碎块等,岩性在纵向和横向的变化反映了陆相盆地的沉积特征,从下往上颗粒变细,近山前的盆缘主要为砂砾岩,向湖盆中心变为泥质粉砂岩、砂质泥岩夹泥岩和薄层石膏,富含钙质结核,在沙拉扎山南北两侧及那仁哈拉北麓以砖红色砾岩、砂砾岩为主,呈典型的山麓相沉积。

2)古近系

在盆地东部、北西部和南部见古近系始新统零星分布,岩性为灰绿色砾岩、砂岩、砂砾岩,土黄色、砖红色泥质粉砂岩、砂质黏土、砂质泥岩并夹有石膏层,以细碎屑岩为主,属河湖相沉积,沉积厚度较薄。

3)第四系

第四系风成沙在盆地均有不同程度的发育,厚度在1~10m不等,局部风成沙带、沙丘的厚度较大。

3.6　黏土岩预选区重点调查区初步总结

我国核安全导则明确提出了选址准则应包括地质条件、未来自然变化、水文地质、地球化学、建造和工程条件、人类活动影响、废物运输、环境保护、土地利用、社会影响等

10 个方面的因素，且高放废物地质处置库场址的筛选需对以上 10 个方面开展系统研究并评价。高放废物地质处置库黏土岩预选区调查与筛选的主要目的是在已确认黏土岩重点调查区的基础上，按照选址基本准则的关键因素对重点调查区进行初步评价，从重点调查区中筛选和推荐出若干个黏土岩预选区作为后一阶段场址筛选与评价的目标工作区。

3.6.1　陇东重点调查区

陇东地区厚层状黏土岩主要赋存于下白垩统泾川组和环河-华池组，其中环河-华池组分布面积最广，在宁县、正宁、庆城、环县、华池等地均有分布。煤田勘探钻井资料表明，环河-华池组自下而上岩石粒度变细，颜色由紫红色变为灰色及灰绿色夹层，地层厚度一般为 400~500m，呈近水平产出，厚度较大，连续性好。但钻孔岩心观测表明环河-华池组以粉砂质泥岩为主，多表现为紫红色粉砂质泥岩与灰色及灰绿色粉砂质泥岩互层，说明该区出现过多次氧化与还原交替的沉积环境。煤田钻孔勘探结果表明环河-华池组下部为该区重要的含水层位，该地下水为承压水，且含水层位以下有已探明的超大型煤矿。另外，陇东地区相对柴达木盆地等区域人口密度要大得多。所以，按照高放废物地质处置库筛选的基本准则，从地质条件、水文地质条件、资源利用和经济社会等来看陇东重点调查区较其他地区劣势明显。

3.6.2　鲁西北重点调查区

鲁西北地区的黏土岩层主要产于新近系明化镇组和古近系东营组、沙河街组，以泥岩、泥质粉砂岩为主。明化镇组以棕黄色、灰绿色泥岩为主，岩层较厚，埋深适中；而东营组和沙河街组泥岩埋深大于 1000m。所以，明化镇组泥岩可以作为潜在的地质处置库围岩。但鲁西北地区是经济社会较发达的区域，人口密度大，也是胜利油田所在的区域。所以，从资源利用和经济社会来看，该重点调查区不适宜作为高放废物地质处置库场址的预选区。

3.6.3　青海省柴达木盆地西北缘重点调查区

区域地质资料和实地路线踏勘表明，柴达木盆地西北缘厚层状黏土岩分布广泛，主要分布在下干柴沟组上部、上干柴沟组及下油砂山组。其中茫崖地区和南八仙地区分布面积较大，黏土岩岩层厚度大，产状较平缓，连续性好，区内构造不发育，具有良好的地质条件。柴达木盆地西北缘南八仙黏土岩出露区是无人区，干旱少雨，地表水系不发育，无洪灾隐患；地形地貌较平坦、稳定；但是近年在南八仙的马海附近区域发现了较好的油气资源，并正在开采。所以，柴达木盆地西北缘厚层状黏土岩分布地区的地质条件、水文地质条件可满足高放废物地质处置库场址筛选的要求，但因该区域赋存有重要的能源矿产资源，该重点调查区作为高放废物地质处置库黏土岩预选区将受到资源利用的限制。

3.6.4　巴音戈壁盆地塔木素重点调查区

　　巴音戈壁盆地塔木素地区位于内蒙古自治区阿拉善盟境内，区内巴音戈壁组上段是黏土岩产出的重要层位。塔木素地区产出上、下两层黏土岩（泥岩）层，该泥岩层形成于稳定的湖泊环境。上层黏土岩主要产出于塔木素布拉格苏木扎木查干陶勒盖的东南地区，黏土岩厚度 100~400m，埋深较浅，顶部一般距地表数米至数十米；而下层黏土岩主要产于塔木素布拉格苏木扎木查干陶勒盖的西南部，埋深为 500~770m，目前最大揭露黏土岩层连续厚度超过 150m。研究表明该地区巴音戈壁组上段下层黏土岩厚度大，分布面积较广，层位稳定，连续性好；黏土岩层涌水量小，富水性弱，渗透性差。说明该地区具有良好的地质条件与水文地质条件。塔木素地区位于巴丹吉林沙漠东部边缘荒漠地区，人口密度很小、可耕地稀少、经济落后，区内无风景名胜区、饮用水源地保护区，环境利益冲突不明显；该地区干旱少雨，长期气候变化不大；地表水系不发育，无洪灾隐患；地形地貌较平坦、稳定，具有良好的自然地理条件。另外，该区虽然位于荒漠地区，但交通比较方便，易于物资运输。所以，从地质条件、水文地质条件、自然地理条件和经济社会条件来看，巴音戈壁盆地塔木素重点调查区具备较好的作为高放废物地质处置库预选区条件。

3.6.5　巴音戈壁盆地苏宏图重点调查区

　　苏宏图地区与塔木素地区同属于内蒙古自治区阿拉善盟境内，区内巴音戈壁组上段是黏土岩产出的重要层位。项目组 2017 年在苏宏图地区已经施工了两个 800m 深钻孔，均没有揭露到目的层位（巴音戈壁组）的黏土岩，综合物探解译成果推测该区巴音戈壁组泥岩埋深可能在 1000~1500m。国际原子能机构的技术专家认为 1500m 埋深对于黏土岩地质处置库而言，其工程建造条件在目前和将来的技术条件下是可行的。苏宏图地区处于荒漠戈壁地区，在人口、社会经济发展、气候等方面与塔木素类似，同样环境利益冲突不明显，交通相对方便，易于物资运输。所以，从地质条件、水文地质条件、自然地理条件和经济社会条件来看，苏宏图重点调查区具有较好的作为高放废物地质处置库预选区的条件。

3.7　本 章 小 结

　　（1）依据高放废物地质处置库黏土岩预选区筛选的地质条件要求，在大量资料调研和部分地区实地踏勘的基础上，基本查明了我国黏土岩的区域分布和部分地区黏土岩的开发利用现状。调查结果表明我国存在适合作为高放废物地质处置库围岩的黏土岩，且主要分布在西北地区的中新生代沉积盆地。

　　（2）研究结果表明陇东地区环河–华池组、柴达木盆地南八仙地区上干柴沟组和下油砂山组、巴音戈壁盆地巴音戈壁组上段是比较理想的高放废物地质处置黏土岩赋存层位，也是今后开展深入工作的重要目的层位。

（3）根据地质条件、水文地质条件、自然地理条件和经济社会条件，对陇东重点调查区、鲁西北重点调查区、青海柴达木盆地西北缘重点调查区、内蒙古巴音戈壁盆地塔木素重点调查区和苏宏图重点调查区是否适宜作为高放废物地质处置库黏土岩预选区进行了定性评价。

4 高放废物地质处置库黏土岩预选区初步适宜性评价

4.1 黏土岩预选区适宜性评价指标体系

　　高放废物地质处置库黏土岩预选区的优劣事关地质处置库的顺利建设和安全稳定运行。因此,对黏土岩预选区进行适宜性评价以对比其优劣就显得尤为重要。而构建科学、合理、操作性强的指标体系又是开展黏土岩预选区适宜性评价的前提。因此,构建黏土岩预选区适宜性评价指标体系意义重大。

　　国家核安全局颁布的核安全导则《高水平放射性废物地质处置设施选址》(HAD 401/06-2013)为我国地质处置库选址工作提出了指导性意见,对我国地质处置库选址的各方面条件制定了比较详细的要求,主要包含地质条件、水文地质条件、地球化学条件、工程地质条件以及一些其他条件。在核安全导则中还对我国现阶段场址选择指标中的地质条件、未来自然变化、地球化学、环境保护、社会经济和人文条件等进行了量化,以便进行评价工作,具体要求见表4.1。

表 4.1　我国高放废物地质处置库地址筛选准则

指标	具体要求
地质条件	目标地质体推测厚度不小于100m
	目标地质体推测埋深在500~1000m
	目标地质体岩层倾角0°或近于0°适宜性最好,若岩层倾角大于20°,则不适宜
未来自然变化	破坏性极端灾害发生的最大概率为万分之一
	地块水平运动速率越小越好
	区域地震动峰值越小越好
地球化学	主要考虑围岩类型的地球化学条件及分布情况
环境保护	是否位于三江源头保护区
	海拔不超过3500m
	80km范围内重要水体的数量越少越好
	80km范围内省级以上环境敏感区的数量越少越好
社会经济和人文条件	区域绝对人口密度越小越好
	重要城镇数量越少越好
	单位面积生产总值越低越好

指标	具体要求
其他条件	国家环保部门的决策
	公众及地方部门的态度
	地质处置库建设、运行及管理方面的条件

通过加强国际交流与合作，我国研究人员与国际原子能机构（International Atomic Energy Agency，IAEA）研究人员在综合其他国家关于地质处置库场址筛选的基本标准基础上，提出了适合我国现阶段要求的高放废物地质处置库黏土岩场址筛选基本标准（International Atomic Energy Agency，1997，2003），见表4.2。

表 4.2   我国高放废物地质处置库黏土岩场址筛选基本标准

指标	基本标准
经济社会条件	人口密度较小
	无重要矿产资源或潜在的矿产资源，不影响研究区经济和社会的发展
	非饮用水水源地，无重要风景名胜，不具有考古价值
	无大的军事试验区影响
	无土地利益冲突和环境保护矛盾
自然地理条件	长期气候平稳，降水量不多，无极端气候条件
	地形和地貌较平坦，稳定性高
	交通状况较好，便于运输
地质条件	区域的构造简单且稳定，没有强烈地震和火山发生的历史记录
	地表水系发育较少或不发育，无洪涝隐患问题
	黏土岩埋深 400~1000m，厚度应当大于100m
	黏土岩产状平缓（倾角小于15°），并且分布均匀及连续性较好
	黏土岩延伸范围足够大（一般延伸5000m以上）
	场址评价和确定阶段，面积范围不少于10km²，能达到20km²则优
	黏土矿物含量大于40%
	岩体自我愈合或修复能力强

对高放废物地质处置库黏土岩预选区进行适宜性评价是一个涉及多方面、多学科的综合性问题，为了开展黏土岩预选区适宜性评价工作，项目组构建了一个既能满足评价要求，又符合我国实际情况的高放废物地质处置库黏土岩预选区适宜性评价指标体系。

在构建高放废物地质处置库黏土岩预选区适宜性评价指标体系过程中，综合了核安全导则中的指导性意见、我国黏土岩场址筛选基本标准，充分考虑了目前阶段有关黏土岩预选区的地球化学条件和工程建筑条件等方面的研究还不够深入的现实情况，构建了一个以经济社会条件、自然地理条件、地质条件和水文地质条件为一级指标的高放废物地质处置库黏土岩预选区适宜性评价指标体系（图4.1）。

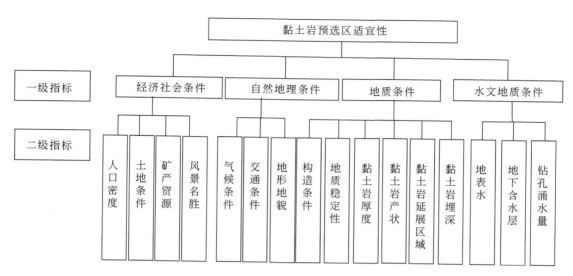

图 4.1 高放废物地质处置库黏土岩预选区适宜性评价指标体系

在该评价指标体系中，经济社会条件包括人口密度、土地条件、矿产资源和风景名胜四个二级指标，自然地理条件包括气候条件、交通条件和地形地貌三个二级指标，地质条件包括构造条件、地质稳定性、黏土岩厚度、黏土岩产状、黏土岩延展区域和黏土岩埋深六个二级指标，水文地质条件包括地表水、地下含水层和钻孔涌水量三个二级指标。

4.2　黏土岩预选区适宜性特征

经过对前述预选区各重点调查区进行室内资料整理以及野外资料补充，综合目前的研究成果，初步确定了内蒙古巴音戈壁盆地塔木素重点调查区、苏宏图重点调查区、青海柴达木盆地南八仙重点调查区和甘肃陇东重点调查区作为高放废物地质处置库黏土岩预选区进行适宜性评价（因鲁西北重点调查区的黏土岩作为一种重要矿产资源正在被开采利用，加之鲁西北地区人口密度大、经济发达，故暂时不考虑对鲁西北重点调查区开展黏土岩预选区的适宜性评价）。根据高放废物地质处置库黏土岩预选区适宜性评价指标体系，对上述四个预选区的相关特征资料分别加以阐述。

4.2.1　经济社会条件特征

4.2.1.1　塔木素预选区经济社会条件特征

塔木素预选区位于内蒙古高原西北部，西邻巴丹吉林沙漠边缘。塔木素预选区行政区划属于内蒙古自治区阿拉善盟阿拉善右旗，而阿拉善右旗总面积为 7.3 万 km²，常住人口总数约为 2.5 万人，人口密度为 0.34 人/km²。塔木素地区地理坐标为东经 102°45′00″ ~ 104°00′00″，北纬 40°20′00″ ~ 40°45′00″，预选区面积约为 3000km²。当地经济落后，居民生活条件一般，经济收入主要为牧养骆驼。日常生活和畜牧业主要取自地下井水，水质偏咸和苦，生活用品还多从外部采购。塔木素地区的土壤类型主要为沙漠土、盐碱土、沼泽土，土壤肥力极其低下，导致植被稀疏，植被属于荒漠、半荒漠植被类型；草场类型为沙漠湖盆草场、戈壁草场等；耕地稀少，耕地面积在塔木素地区所占比例极小。塔木素地区的矿产资源品种不多。此外，塔木素地区风景名胜数量少，价值小，近年来依托巴丹吉林沙漠和胡杨林等的开发，对当地旅游业的发展起到了较为明显的促进作用，但这些景点距塔木素预选区均在300km以上，受塔木素预选区影响极小。

4.2.1.2　苏宏图预选区经济社会条件特征

苏宏图预选区同样位于内蒙古高原西北部，行政区划属内蒙古自治区阿拉善盟阿拉善左旗管辖，阿拉善左旗总面积为80412km^2，人口总数约为14万人，人口密度为1.74人/km^2。预选区地理坐标为东经104°00′00″~105°00′00″，北纬41°10′00″~41°35′00″，面积约2700km^2。苏宏图预选区以戈壁、荒漠为主，耕地比例极小；仅有少量的矿产开采，整体上矿产资源品种单一，储量很小。预选区内风景名胜数量极少，几乎没有开发利用价值。

4.2.1.3　南八仙预选区经济社会条件特征

南八仙预选区位于青藏高原柴达木盆地西北缘，行政区划属青海省海西蒙古族藏族自治州大柴旦行政委员会，总面积约为3.4万km^2，人口总数约为1.3万人，人口密度为0.38人/km^2，地广人稀，人口以汉族为主，还有藏族、回族、哈萨克族等少数民族。南八仙预选区在南八仙-马海盆地中，地理坐标为东经93°30′00″~96°00′00″，北纬37°56′00″~38°20′00″，面积约9767km^2。南八仙地区以戈壁、沙丘为主，土地利用条件很差，土壤肥力低下，耕地所占比例极小。预选区范围内具有众多盐湖，矿产资源蕴藏极其丰富，而且储量大，品位高，如今大规模开采了铅、锌、金、石油、天然气等资源，还探明了银、锂、硼、镁、煤炭、钾肥、芒硝等10余种矿藏的储量，还伴生有多种稀有元素矿藏，开发前景极为广阔。南八仙预选区旅游资源较少，最著名的就是青海雅丹地貌——南八仙魔鬼城，是迄今国内发现最大的风蚀土林群。

4.2.1.4　陇东预选区经济社会条件特征

陇东预选区包括甘肃省庆阳、平凉等市。庆阳市总面积为27119km^2；平凉市紧邻庆阳市，地处陕甘宁交汇区，是古丝绸之路的必经之地，总面积为11169.7km^2；陇东地区农业发达，耕地面积大，土壤肥沃，农产品丰富。

庆阳市的矿产资源以石油、天然气和煤炭为主，储量、价值相当巨大，白云岩、石英砂、石灰岩、磷、煤层气、黏土、砂石、地热水、铁、铝等矿产资源也有一定分布。此外，人文旅游资源、自然资源、红色旅游资源丰富，境内的秦直道与秦长城、东老爷山、周祖陵森林公园、华夏公刘第一庙、北石窟寺等都是价值极大、独具特色的旅游景点。

平凉市的矿产资源也十分丰富，蕴藏有铁、铜、铝土、锌等金属矿藏和煤炭、石灰岩、黏土岩、大理石、石英砂等非金属矿藏。旅游资源同样极为丰富，"道源圣地"崆峒山有"山川雄秀于天下"的美名，既有王母宫、百里石窟长廊和商周的古灵台等人文景观，又有人文景观与自然景观相得益彰的云崖寺以及潜力巨大的莲花台、五龙山等，均各具特色、引人入胜。

4.2.1.5　小结

通过对四个预选区经济社会条件特征的阐述，再根据高放废物地质处置库黏土岩预选区适宜性评价指标体系，对比四个预选区的经济社会条件见表 4.3。

表 4.3　黏土岩预选区的经济社会条件对比

指标	塔木素	苏宏图	南八仙	陇东
人口密度	平均 0.34 人/km²	平均 1.74 人/km²	平均 0.38 人/km²	平均 158 人/km²
土地条件	耕地比例极小、土壤肥力极其低下	耕地比例极小、土壤肥力极其低下	耕地比例极小、土壤肥力极其低下	耕地比例大、土壤肥沃
矿产资源	矿产资源品种单一、储量很小、价值很小	矿产资源品种单一、储量很小、价值很小	矿产资源品种繁多、储量大、价值高	矿产资源品种繁多、储量大、价值高
风景名胜	数量极少，几乎没有开发利用价值	数量极少，几乎没有开发利用价值	数量较少，价值较小	数量多，价值高

4.2.2　自然地理条件特征

4.2.2.1　塔木素预选区自然地理条件特征

塔木素预选区处于巴丹吉林沙漠的东部边缘，地势总体北西高，南东低，地表大多被第四系沙土及沙丘覆盖，自然地貌以戈壁、荒漠为主，地形平坦，海拔 1270~1330m，相对高差最大约 60m。塔木素地区属于中温带的沙漠大陆性气候，常年干旱少雨，天气条件较差，沙尘和大风天气较常见，并且夏热冬寒，昼暖夜凉，昼夜温差大，最高温度和最低温度分别达到 44.7℃ 和 −40℃。塔木素预选区的年平均降水量为 80~200mm，年平均蒸发量为 2800~4100mm，蒸发量为降水量的 30 倍左右。塔木素地区与阿拉善左旗、阿拉善右旗及额济纳旗均有公路相通，北部有巴彦淖尔市至额济纳旗的铁路通过，交通条件便利。

4.2.2.2　苏宏图预选区自然地理条件特征

苏宏图预选区位于阿拉善左旗北部，北与蒙古国接壤，自然地形为南高北低，地貌以戈壁、荒漠为主，地形较为平坦，相对高差为 50~200m。苏宏图地区为典型的内陆型气候，因受到海拔和沙漠的影响，常年干旱少雨，水资源稀缺，年平均降水量为 70mm，且降水主要集中在 7 月、8 月、9 月，3~5 月经常出现大风天气，并伴有扬沙。苏宏图地区与阿拉善左旗、阿拉善右旗及额济纳旗均有公路相通，区内有巴彦淖尔市至额济纳旗的铁路通过，交通条件便利。

4.2.2.3　南八仙预选区自然地理条件特征

南八仙预选区位于青海柴达木盆地西北缘，地貌以戈壁、沙丘为主，自然地形稍有起伏，整体较为平坦，相对高差为 50~200m。南八仙地区为典型的内陆高原干旱气候，气象资料显示，区内降水量极低，年平均降水量仅为 29.6mm；蒸发量极大，年平均蒸发量达到 3040mm；年平均气温低且冬夏及昼夜的温差较大，1 月最低气温和 8 月最高气温分别为-30℃和 33.1℃。南八仙地区到大柴旦与格尔木市之间有公路互通，315 国道（青新公路）与 215 国道（敦格公路）交会于大柴旦东部，整体交通条件便利。

4.2.2.4　陇东预选区自然地理条件特征

陇东预选区位于甘肃省东部，预选区中南部为黄土高原沟壑区，北部为黄土丘陵沟壑区，东部为黄土丘陵区，整体高原山地较多，地形有一定的起伏，相对高差为 200~500mm，为典型的黄土高原风貌。陇东地区包含庆阳、平凉等市，庆阳市冬季寒冷漫长，春秋舒适变温快，夏季短促气温高，盛夏多暴雨，年平均降水量为 503mm。陇东预选区有 211 国道与 202 省道主干线纵贯南北，309 国道与 303 省道线横穿东西，构成"两纵两横"公路主骨架，且有铁路通过，庆阳市还有机场，交通条件非常便利。

4.2.2.5　小结

通过对四个预选区自然地理条件特征的阐述，再根据高放废物地质处置库黏土岩预选区适宜性评价指标体系，对比四个预选区的自然地理条件见表 4.4。

表 4.4　黏土岩预选区的自然地理条件对比

指标	塔木素	苏宏图	南八仙	陇东
气候条件	年平均降水量 80~200mm	年平均降水量 70mm	年平均降水量 29.6mm	年平均降水量 400~800mm
交通条件	便利	便利	便利	非常便利
地形地貌	地形平坦，相对高差最大约 60m	地形较为平坦，相对高差为 50~200m	地形较为平坦，相对高差为 50~200m	地形有一定起伏，相对高差为 200~500m

4.2.3　地质条件特征

4.2.3.1　预选区构造条件及地质稳定性

1）塔木素预选区构造条件及地质稳定性

塔木素预选区在巴音戈壁盆地内部，巴音戈壁盆地的大地构造位置处于华北地台与天山地槽褶皱系的过渡部位，南部为华北地台的阿拉善台隆及狼山-白云鄂博台缘拗陷带，北部为天山地槽褶皱系的北山晚海西褶皱带，东部与内蒙古中部地槽褶皱系相毗邻（吴仁贵等，2008；邓继燕，2013）。

在巴音戈壁盆地内，断裂构造较发育，盆地内断裂构造以北东向为主，断裂活动期主要是海西期，其次是燕山期及加里东期（张成勇等，2015）。中新生代主要为燕山期断裂，较少是喜马拉雅期和印支期断裂。根据走向可以将巴音戈壁盆地分为三个方向的断裂系统，最为发育的是北东东向断裂，具有活动时间长、延伸长、断距大等特点，控制了拗（凹）陷构造及沉积发育，其次为北西向和东西向，极少数为南北向，规模较小。主要的控盆断裂有 4 个，分别为宝音图北部断裂、狼山断裂、巴丹吉林断裂、宗乃山-沙拉扎山南缘断裂（何中波等，2010）。

塔木素预选区位于因格井拗陷内部，受各种构造活动影响小，构造相对稳定，历史上也无破坏性地震的历史记录，且受构造控制的地震活动频次较小，地质条件相对稳定。塔木素预选区位于巴音戈壁盆地的因格井拗陷北端，南部是巴彦诺日公隆起，北部是宗乃山-沙拉扎山隆起（管伟村等，2014）。南北两侧受区域深大断裂控制，处在巴丹吉林断裂和宗乃山-沙拉扎山南缘断裂之间，中部为那仁哈拉断裂和奥拉上丹-格尔瓦特断裂。因格井拗陷呈北偏东方向展布，面积为 8800km² 左右。塔木素预选区周围包括 4 个次级构造，为 2 个凸起及 2 个凹陷（李西得，2010）。预选区地质条件相对稳定，受各种构造活动影响小，构造相对稳定，历史上也无破坏性地震的历史记录，且受构造控制的地震活动频次较小。

2）苏宏图预选区构造条件及地质稳定性

苏宏图预选区与塔木素预选区一样，均位于巴音戈壁盆地，塔木素预选区位于因格井拗陷内，而苏宏图预选区位于苏红图拗陷内。苏红图拗陷呈近东西向展布，面积约 7870km²，四周由隆起带圈闭，埋深较小。南部为火山岩分布区，火山岩与湖相地层（具水平层理）交互出现，表明当时的拗陷基底断裂切割较深，最深可达 1300m。苏红图拗陷内的断裂具有一定的分割性，形成了 7 个次级构造，包括 4 个凹陷和 3 个凸起，4 个凹陷分别为乌兰刚格凹陷、赛罕凹陷、艾力特格凹陷和路登凹陷，3 个凸起分别为哈布凸起、扎敏凸起和苏亥凸起（据核工业二〇八大队地质资料）。苏宏图预选区位于苏红图拗陷内部，受各种构造活动影响小，构造相对稳定，历史上也无破坏性地震记录，且受构造控制的地震活动频次较小，地质条件相对稳定。

3）南八仙预选区构造条件及地质稳定性

南八仙预选区位于柴达木盆地，而柴达木盆地及相邻山系区域断裂的展布主要有 5 个断裂系统，对柴达木盆地的发展演化起到重要的控制作用，分别为北西—北西西向祁连山-柴达木盆地北缘断裂系统、北西西向东昆仑山-柴达木盆地南缘断裂系统、北东向阿尔金山断裂系统、北北西向鄂拉山断裂系统和近东西向甘森-小柴旦断裂系统（图 4.2），都是不同地史演化过程中综合地质作用的结果，都经历了多期活动过程，而现今主要表现为逆冲推覆和走滑平移性质（马长玲，2010）。

根据柴达木盆地古生界的构造特征（图 4.3），盆地可划分为 1 个隆起、2 个逆冲带及 3 个拗陷（杨超等，2012）。1 个隆起为欧龙布鲁克隆起；2 个逆冲带为祁南逆冲带和昆北逆冲带；3 个拗陷分别为一里坪拗陷、德令哈拗陷和三湖拗陷。

南八仙预选区位于三湖拗陷内，受各种断裂构造活动影响小，构造相对稳定。地震活动集中分布在柴达木盆地周缘的造山带中（徐凤银等，2006），这些地带的地壳变形强烈，而南八仙预选区远离边界及造山带，地震活动微弱，历史上也无破坏性地震的记录，地质条件相对稳定。

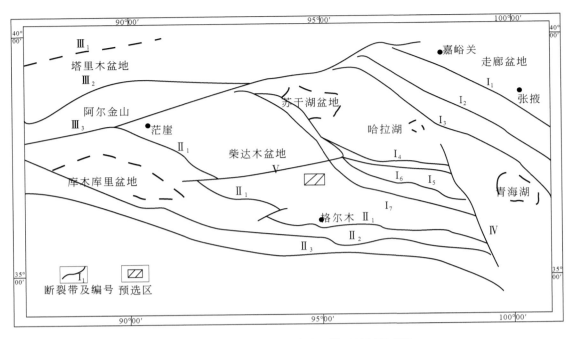

图 4.2　柴达木盆地及周缘造山带区域断裂系统

I_1-北祁连山山前断裂带；I_2-北祁连山南缘断裂带；I_3-中祁连山南缘断裂带；I_4-北宗务隆山断裂带；I_5-南祁连山山前断裂带；I_6-欧龙布鲁克-牦牛山断裂带；I_7-赛什腾山-锡铁山山前断裂带；II_1-昆北断裂带；II_2-昆中断裂带；II_3-昆南断裂带；III_1-塔南隆起断裂带；III_2-阿尔金北缘断裂带；III_3-阿尔金南缘断裂带；IV-鄂拉山断裂带；V-甘森-小柴旦断裂带。

据汤良杰等（2002），东华理工大学高放废物地质处置库黏土岩项目组绘制，2017 年

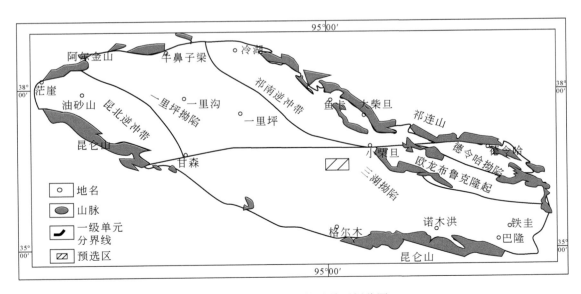

图 4.3　柴达木盆地构造单元划分图

据杨超等（2012），东华理工大学高放废物地质处置库黏土岩项目组绘制

4）陇东预选区构造条件及地质稳定性

陇东预选区位于鄂尔多斯盆地西南部，鄂尔多斯盆地跨越了陕、甘、宁、蒙、晋五省区，是一个近矩形的构造盆地（郭庆银等，2010）。盆地四周以断裂和褶皱带与周边的构造单元相连，盆地周边为活动的褶皱山系和地堑系，而盆地的内部构造简单且极不发育、沉降稳定、断裂带较少，显示出稳定的地块被周边活动的构造带所环绕的格局（高静乐，2009）。

5）小结

通过对四个预选区构造条件及地质稳定性的分析，根据高放废物地质处置库黏土岩预选区适宜性评价指标体系，对比四个预选区的构造条件及地质稳定性见表4.5。

表4.5　黏土岩预选区的构造条件及地质稳定性对比

指标	塔木素	苏宏图	南八仙	陇东
构造条件	4个控盆断裂，2个凸起，2个凹陷，构造发育一般	4个控盆断裂，3个凸起，4个凹陷，构造较为发育	5个控盆断裂，1个隆起，2个逆冲带，3个拗陷，构造较为发育	盆地四周发育断裂与褶皱带，内部构造简单且极不发育，构造发育一般
地质稳定性	地震发生概率极小，地质条件相对稳定	地震发生概率极小，地质条件相对稳定	地震发生概率极小，地质条件相对稳定	地震发生概率较小，地质条件相对稳定

4.2.3.2　预选区的各重点工作区的黏土岩特征

1）塔木素预选区的黏土岩特征

塔木素预选区黏土岩的目的层为巴音戈壁组上段。巴音戈壁组上段主要出露于塔木素布拉格苏木扎木查干陶勒盖的西南部。巴音戈壁组上段由上到下的沉积物分布特征为灰色湖相泥岩夹薄层粉砂岩、杂色扇三角洲相砂体及灰-深灰色湖相泥岩，整体上由北向南砂体埋深逐渐变深，厚度变薄。

在综合现有研究成果的基础上，结合塔木素预选区的野外地质调查，在塔木素预选区圈定出面积约3000km²的重点工作区作为预选区适宜性评价的代表区域；项目组于2017年在塔木素重点工作区内施工了2个钻孔，证实目的层黏土岩连续厚度远远大于150m，局部地区连续厚度超过300m（图4.4）。

2）苏宏图预选区的黏土岩特征

苏宏图预选区的黏土岩目的层也为巴音戈壁组上段。推测该组的湖相沉积为一套厚度大且连续性好的黏土岩地层。在综合现有研究成果的基础上，结合苏宏图预选区的野外地质调查、物探成果和钻孔资料，在苏宏图预选区圈定出面积约2700km²的重点工作区作为预选区适宜性评价的代表区域（图4.5）。

根据已收集的钻井资料，在乌兰刚格地段的上部层位为乌兰苏海组，大部分地段下伏苏红图组，在其东南部逐渐接近湖相沉积中心，存在大面积的巴音戈壁组厚层黏土岩，岩层平缓，产状为0°~10°，黏土岩延展范围宽广，局部埋藏深度在250~400m，连续厚度超过150m（图4.6、图4.7），并据此在苏宏图预选区内确定了最终的重点工作区范围（图4.5）。

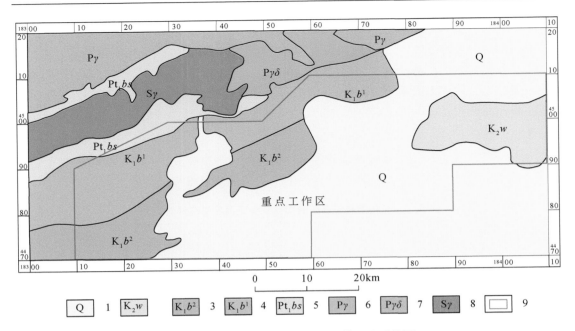

图 4.4　塔木素预选区内的重点工作区地质简图

1-第四系；2-乌兰苏海组；3-巴音戈壁组上段；4-巴音戈壁组下段；5-北山群；6-二叠纪花岗岩；

7-二叠纪花岗闪长岩；8-志留纪花岗岩；9-重点工作区。

据《黏土岩处置库场址筛选补充区域调查研究报告》，东华理工大学，2016 年

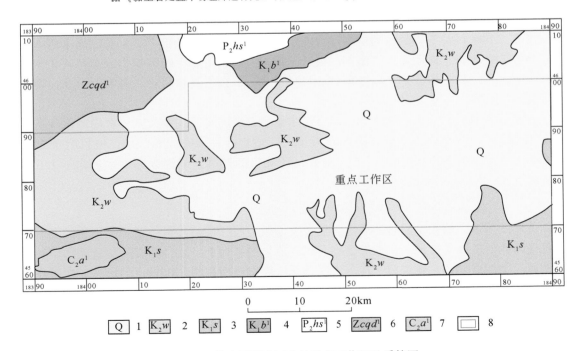

图 4.5　苏宏图预选区内的重点工作区地质简图

1-第四系；2-乌兰苏海组；3-苏红图组；4-巴音戈壁组下段；5-哈尔苏海群；6-切刀群；7-阿木山组；8-重点工作区。

据《黏土岩处置库场址筛选补充区域调查研究报告》，东华理工大学，2016 年

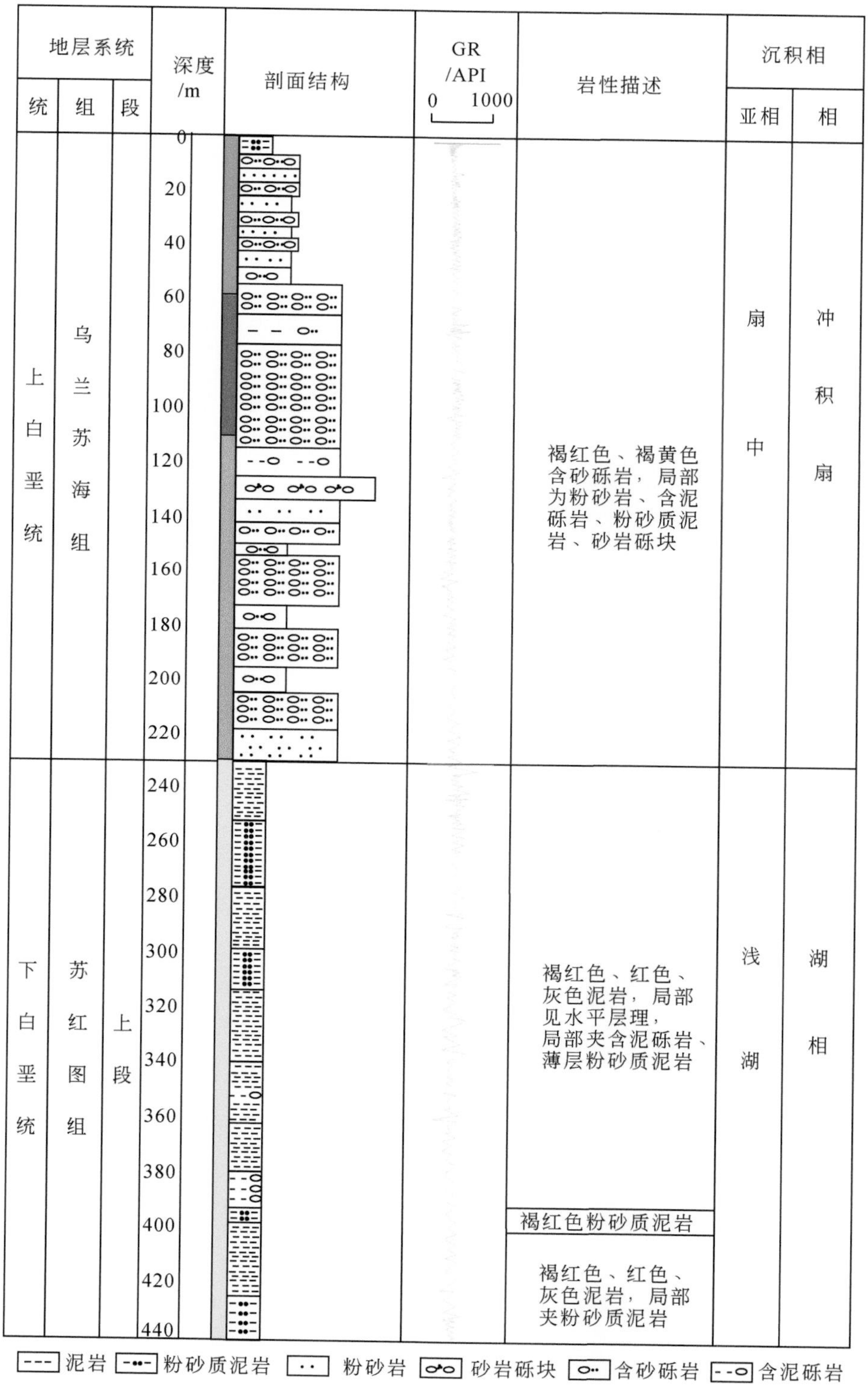

地层系统			深度/m	剖面结构	GR/API 0 1000	岩性描述	沉积相	
统	组	段					亚相	相
上白垩统	乌兰苏海组		0〜220			褐红色、褐黄色含砂砾岩，局部为粉砂岩、含泥砾岩、粉砂质泥岩、砂岩砾块	扇中	冲积扇
下白垩统	苏红图组	上段	240〜440			褐红色、红色、灰色泥岩，局部见水平层理，局部夹含泥砾岩、薄层粉砂质泥岩	浅湖	湖相
						褐红色粉砂质泥岩		
						褐红色、红色、灰色泥岩，局部夹粉砂质泥岩		

▭▬▭ 泥岩　▭▬▬▭ 粉砂质泥岩　▭·· 粉砂岩　▭�〇◇ 砂岩砾块　▭〇· 含砂砾岩　▭–〇 含泥砾岩

图 4.6　苏宏图重点工作区 SZK1 井剖面图

据《黏土岩处置库场址筛选补充区域调查研究报告》，东华理工大学，2016 年

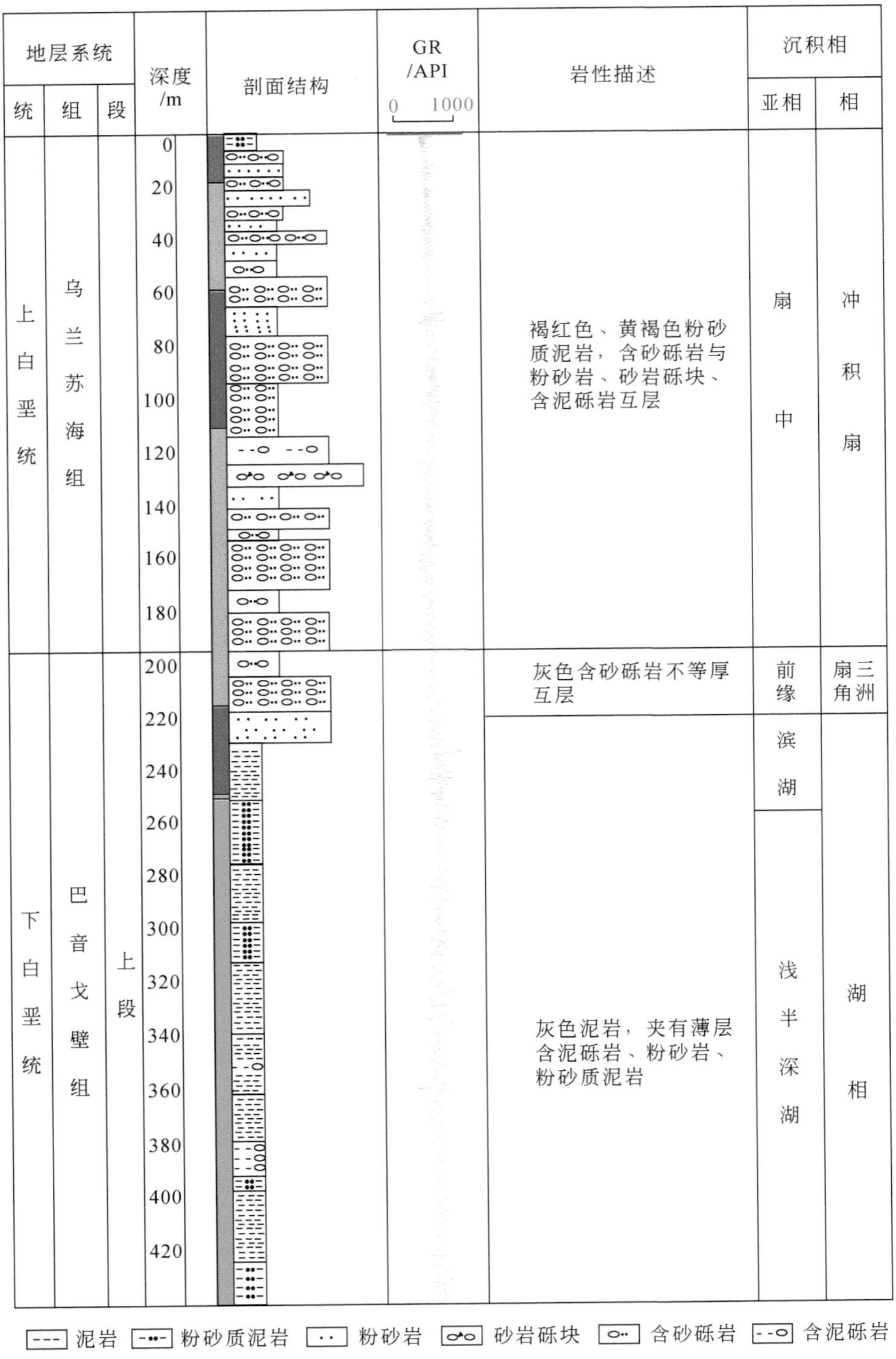

地层系统			深度 /m	剖面结构	GR /API 0　　1000	岩性描述	沉积相	
统	组	段					亚相	相
上白垩统	乌兰苏海组		0 20 40 60 80 100 120 140 160 180			褐红色、黄褐色粉砂质泥岩，含砂砾岩与粉砂岩、砂岩砾块、含泥砾岩互层	扇中	冲积扇
下白垩统	巴音戈壁组	上段	200 220 240 260 280 300 320 340 360 380 400 420			灰色含砂砾岩不等厚互层	前缘	扇三角洲
						灰色泥岩，夹有薄层含泥砾岩、粉砂岩、粉砂质泥岩	滨湖 浅半深湖	湖相

`---` 泥岩　`-··-` 粉砂质泥岩　`··` 粉砂岩　`∞` 砂岩砾块　`○·` 含砂砾岩　`--○` 含泥砾岩

图 4.7　苏宏图重点工作区 SZK2 井剖面图

据《黏土岩处置库场址筛选补充区域调查研究报告》，东华理工大学，2016 年

2017 年项目组在苏宏图预选区内的重点工作区中部和东部施工了两个 800m 的钻孔，但是均未钻遇巴音戈壁组的灰色泥岩（图 4.8）。该区沉积地层从西向东深度变化剧烈，推测湖盆中心在重点工作区的中部或者东部，目的层巴音戈壁组灰色泥岩埋藏深度大于 800m，目的层最大埋藏深度推测可能为 1500m 左右。

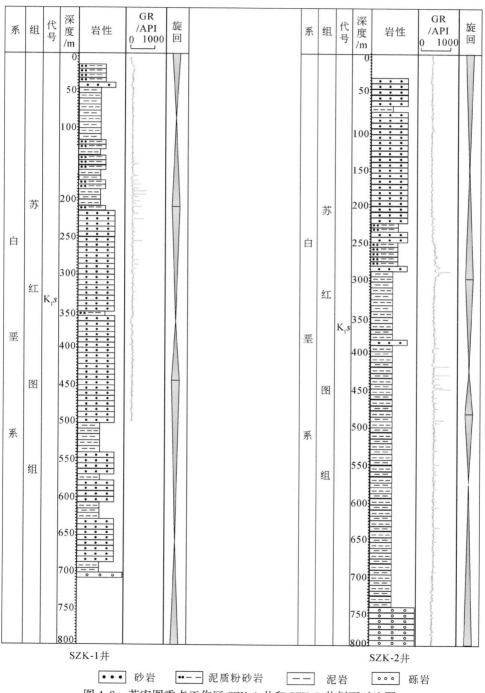

图 4.8　苏宏图重点工作区 SZK-1 井和 SZK-2 井剖面对比图

3）南八仙预选区的黏土岩特征

南八仙预选区所处的柴达木盆地盖层主要为中新生代沉积岩系，且主要发育新生界，均为陆相沉积。通过补充区域地质调查资料，在南八仙预选区设计了地质调查路线200km，并在该预选区圈定出面积2000km²的重点工作区作为预选区适宜性评价的代表区域（图4.9）。

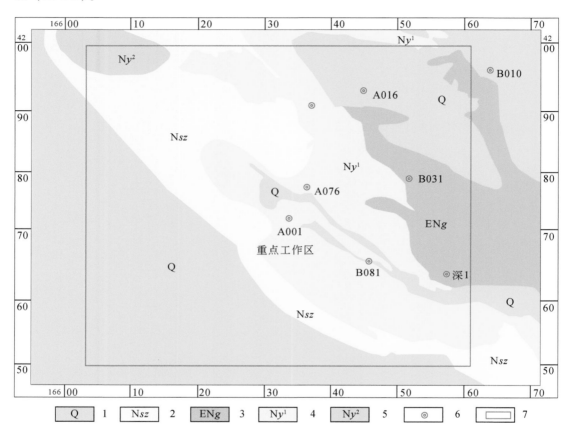

图4.9　南八仙预选区内的重点工作区地质简图

1-第四系；2-狮子沟组；3-上干柴沟组；4-下油砂山组；5-上油砂山组；6-钻孔位置；7-重点工作区。

据青海省核工业地质局资料，东华理工大学高放废物地质处置库黏土岩项目组绘制，2017年

该预选区的上油砂山组岩性在盆地北部比南部细，北部以灰绿色泥岩为主，夹砂岩、泥灰岩；南部主要为灰绿色泥岩与砂岩互层，厚300~1800m。岩层平缓，产状为0°~5°，延展范围宽广，而埋藏深度在100~600m，连续厚度80~100m，为该预选区的黏土岩目的层。

4）陇东预选区的黏土岩特征

陇东预选区的黏土岩目的层为环河-华池组，该组地层主要为砂质泥岩，浅棕红色中-粗砂岩、砾岩等。

通过对陇东预选区地层的深入了解和野外实地调查，并结合钻孔资料，对预选区的环河-华池组进行了分析，环河-华池组的黏土岩平均厚度300m，岩层平缓，产状为0°~5°，

黏土岩延展范围宽广，埋藏深度在 200~600m，但连续厚度小于 80m。综合现有研究成果，在该预选区圈定出面积约 2000km² 的重点工作区作为预选区适宜性评价的代表区域（图 4.10）。

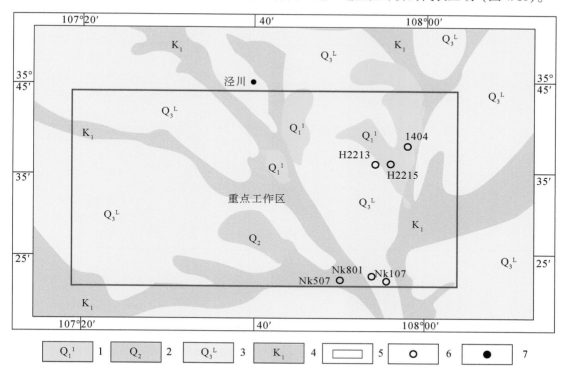

图 4.10　陇东预选区内的重点工作区地质简图

1-玉门组；2-南湖组；3-马兰组；4-环河–华池组；5-重点工作区；6-钻孔；7-地名

据《黏土岩处置库场址筛选补充区域调查研究报告》，东华理工大学，2016 年

5）小结

通过对四个预选区及各重点工作区黏土岩特征进行分析，再根据高放废物地质处置库黏土岩预选区适宜性评价指标体系，将上述四个预选区及各重点工作区的黏土岩特征进行对比，见表 4.6。

表 4.6　四个预选区及各重点工作区的黏土岩特征对比

预选区	地层						黏土岩特征				岩性描述	备注
	界	系	统	组	段	符号	厚度	产状	延展区域	埋深		
塔木素	中生界	白垩系	下统	巴音戈壁组	上段	K_1b^2	已知钻孔单层厚度大于150m	6°	约300km²	560~750m	黄色砂岩与砖红色粉砂岩、灰色泥岩、粉砂岩。上部以灰色细碎屑岩为主，下部以泥岩为主	见铀矿化

预选区	地层						黏土岩特征				岩性描述	备注
	界	系	统	组	段	符号	厚度	产状	延展区域	埋深		
苏宏图	中生界	白垩系	下统	巴音戈壁组	上段	K_1b^2	已知钻孔单层厚度大于150m	0°~10°	约550km²	大于800m	灰色、黄色砂岩,砖红色粉砂岩、灰色泥岩、粉砂岩不等厚互层	见铀矿化
南八仙	新生界	新近系	上新统	上油砂山组		N_2y^1	已知钻孔单层厚度80~100m	0°~5°	约250km²	100~600m	黄灰色、黄绿色砂质泥岩、粉砂岩、细砂岩互层,夹泥岩	
陇东	中生界	白垩系	下统	环河-华池组		K_1h	已知钻孔单层厚度小于80m	0°~5°	约250km²	200~600m	主要为含砂质泥岩、浅棕红色中-粗砂岩、砾岩等	

4.2.4 水文地质条件特征

4.2.4.1 塔木素预选区内的重点工作区水文地质条件特征

塔木素预选区内的重点工作区风成沙覆盖广泛,荒漠化严重,除人工引流的水体外,区内水系多为季节性河流。由于大气降水及沙漠潜水的汇集形成地表水体,但水量很小,受季节影响较大。

地下水位埋深小,由于气候干旱和蒸发浓缩强烈,多属咸水湖,由于浓缩累盐的结果,水质一般较差。由于气候干旱,岩层富水性一般较差,民井单井涌水量一般为10~25m³/d,最大达63.76m³/d,最小仅1.05m³/d。

区内主要分布白垩系碎屑岩裂隙孔隙水,而下白垩统为碎屑岩类孔隙裂隙水,承压水受构造运动影响较强烈。含水层岩性主要为砂砾岩、含砾砂岩、砂岩及泥质砂岩,砂体的富水性变化较大,渗透性普遍较弱,区内岩层富水性受岩性和裂隙、孔隙控制较为明显,富水性及渗透性强弱差异较大,单井涌水量差异较大,为0.17~408.32m³/d,见表4.7。

表 4.7 塔木素预选区内的重点工作区水文地质参数

序号	孔号	水位埋深/m	涌水量/(m³/d)	含水层层位
1	库1	14.59	4.30	K_1b^2
2	库3	20.73	1.82	K_1b^2
3	库4	18.85	132.14	K_1b^2

续表

序号	孔号	水位埋深/m	涌水量/(m³/d)	含水层层位
4	沙 2	—	2.29	K_1b^2
5	沙 3	—	1.11	K_1b^2
6	沙 4	—	16.61	K_1b^2
7	沙 5	—	32.40	K_1b^2
8	沙 8	—	11.80	K_1b^2
9	库 5	3.56	69.37	K_2
10	库 7	53.38	0.17	K_2
11	库 8	7.11	27.65	K_2
12	机 9	13.47	336.70	K_1b^2
13	ZKH30-3	8.70	408.32	K_1b^2

4.2.4.2 苏宏图预选区内的重点工作区水文地质条件特征

苏宏图预选区内的重点工作区内无常年性地表水，存在的地表水主要为大气降水汇集和湖盆洼地积水，水量小，水质较差；地下水是第四系潜水，埋深 2~3m，主要靠降水补给，水量很小。

苏宏图预选区内的重点工作区巴音戈壁组地下水主要接受南部基岩裂隙水和上覆地层的潜水和层间水补给，局部含水层出露地表，直接接受大气降水的渗流补给，从南向北径流，地下水最终以蒸发顶托或断裂构造的形式排泄于地表，形成地表积水洼地、盐渍化及硬盐壳。

苏宏图预选区内的重点工作区含水层为泥质、钙质胶结，且泥质含量较高，局部疏松，颗粒分选性和磨圆度较差，孔隙、裂隙不够发育，富水性和渗透性普遍较差。区内水位埋深一般为 10.84~51.29m，单孔涌水量存在一定差异，但最大不超过 55m³/d（表 4.8）。

表 4.8 苏宏图预选区内的重点工作区水文地质参数

序号	孔号	水位埋深/m	涌水量/(m³/d)
1	银普 12	10.84	0.8
2	乌 15	51.29	1.18
3	沙 7	17.57	54.12
4	哈 8	16.01	3.57
5	扎 1	16.60	8.83

序号	孔号	水位埋深/m	涌水量/(m³/d)
6	哈 2	14.92	0.09
7	哈 3	13.44	1.45
8	哈 4	6.73	17.52
9	哈 5	46.79	0.01
10	哈 7	27.14	1.75

4.2.4.3　南八仙预选区内的重点工作区水文地质条件特征

南八仙预选区内的重点工作区地表水体均属内陆水系，鱼卡河为一条常年性河流，受山区冰雪融水和地下水的补给，流量受气候、季节影响明显。巴仑马海湖为一个常年性湖泊，受鱼卡河和基岩山区地下水的补给，水体面积随季节的不同而变化较大。

根据赋存条件和水力特征，南八仙预选区内的重点工作区的地下水可划分为松散岩类孔隙水、化学岩类晶间卤水、碎屑岩类裂隙水三种类型。松散岩类孔隙水在区内分布较广泛，但含水层为中上更新统、全新统。含水层埋深一般为 50～100m，涌水量一般为 100～1000m³/d，个别地段涌水量大于 1000m³/d。化学岩类晶间卤水主要分布在盐湖、盐滩内，主要赋存于第四系下更新统、中更新统和全新统化学沉积的盐类沉积物地层中。含水层涌水量为 100～1000m³/d，个别地段大于 1000m³/d。碎屑岩类裂隙水的含水层为古近系、新近系至侏罗系的砂岩、粉砂岩和第四系中更新统、上更新统湖积的中细砂、粉细砂，涌水量一般 100～1000m³/d。

4.2.4.4　陇东预选区内的重点工作区水文地质条件特征

陇东预选区内的重点工作区地表水系发育，属黄河水系干流泾河流域，均属常年性河流，河水以微咸水至淡水为主，适合农业灌溉和人畜饮用。

陇东预选区内的重点工作区白垩系地下水系发育较好，含水层分布广泛，主要含水层的岩性为砂质泥岩、泥岩及粉细砂岩，胶结较差的中细砂岩、中粗砂岩与砂质泥岩互层，厚度自西向东递减。

陇东预选区内的重点工作区的含水层埋深因地形及覆盖层厚度而异，一般为 200～500m，最深可达 600m。含水层厚度在正宁一带最小，一般小于 300m，庆阳一带普遍大于500m，最大厚度超过 800m。根据已收集的单井涌水量资料，可知区内含水层单井涌水量在 500～2300m³/d。

4.2.4.5　小结

四个预选区内的各重点工作区的水文地质条件还处于研究阶段，目前只能按照各重点工作区的地下含水层以及钻孔用水量的大小来判断各重点工作区水文地质条件的好坏，见表 4.9。

表 4.9 四个预选区内的重点工作区水文地质条件对比

	塔木素	苏宏图	南八仙	陇东
水文地质条件	地表水不发育，地下含水层不发育，已知钻孔涌水量 0.17~408.32m³/d	地表水不发育，地下含水层不发育，已知钻孔涌水量小于 55m³/d	地表水发育一般，地下含水层较为发育，已知钻孔涌水量 100~1000m³/d	地表水极为发育，地下含水层较为发育，已知钻孔涌水量 500~2300m³/d

4.3 黏土岩预选区适宜性综合评价

4.3.1 评价方法

4.3.1.1 层次分析法确定各指标权重

层次分析法是美国运筹学家 Saaty 于 20 世纪 70 年代提出的（邓雪等，2012），它是将与决策有关的元素进行层次化、结构化的决策方法，首先建立一个递阶的、有序的结构模型，根据模型中各指标的重要程度计算权重，为求解多目标、多准则或无结构特性的复杂决策问题提供了一种简便的方法（张涛，2008）。本节在高放废物地质处置库黏土岩预选区适宜性评价指标体系的基础上，采用层次分析法确定各指标的权重。

具体步骤如下。

（1）建立判断矩阵，采用 1~9 及其倒数作为标度（表 4.10）将判断定量化，构建数值判断矩阵 $\boldsymbol{A}$、$\boldsymbol{B}_1$、$\boldsymbol{B}_2$、$\boldsymbol{B}_3$、$\boldsymbol{B}_4$（表 4.11~表 4.15）。

（2）计算各判断矩阵最大特征值 λ_{max}，进而得到各权重矩阵分别为

$$\boldsymbol{W} = \begin{bmatrix} W_{B_1} & W_{B_2} & W_{B_3} & W_{B_4} \end{bmatrix}$$

$$\boldsymbol{W}_1 = \begin{bmatrix} W_{B_{11}} & W_{B_{12}} & W_{B_{13}} & W_{B_{14}} \end{bmatrix}$$

$$\boldsymbol{W}_2 = \begin{bmatrix} W_{B_{21}} & W_{B_{22}} & W_{B_{23}} \end{bmatrix}$$

$$\boldsymbol{W}_3 = \begin{bmatrix} W_{B_{31}} & W_{B_{32}} & W_{B_{33}} & W_{B_{34}} & W_{B_{35}} & W_{B_{36}} \end{bmatrix}$$

$$\boldsymbol{W}_4 = \begin{bmatrix} W_{B_{41}} & W_{B_{42}} & W_{B_{43}} \end{bmatrix}$$

表 4.10 标度的意义

标度 a_{ij}	意义
1	C_i 与 C_j 的影响相同
3	C_i 比 C_j 的影响稍强
5	C_i 比 C_j 的影响强
7	C_i 比 C_j 的影响明显的强
9	C_i 比 C_j 的影响绝对的强

标度 a_{ij}	意义
2，4，6，8	上述两判断级的中间值
1，1/2，…，1/9	上述判断的倒数

表 4.11　判断矩阵 A

	经济社会条件 B_1	自然地理条件 B_2	地质条件 B_3	水文地质条件 B_4
经济社会条件 B_1	1	1	1/3	1/2
自然地理条件 B_2	1	1	1/3	1/2
地质条件 B_3	3	3	1	2
水文地质条件 B_4	2	2	1/2	1

表 4.12　判断矩阵 B_1

	人口密度 B_{11}	土地条件 B_{12}	矿产资源 B_{13}	风景名胜 B_{14}
人口密度 B_{11}	1	2	3	4
土地条件 B_{12}	1/2	1	2	3
矿产资源 B_{13}	1/3	1/2	1	2
风景名胜 B_{14}	1/4	1/3	1/2	1

表 4.13　判断矩阵 B_2

	气候条件 B_{21}	交通条件 B_{22}	地形地貌 B_{23}
气候条件 B_{21}	1	3	2
交通条件 B_{22}	1/3	1	1/2
地形地貌 B_{23}	1/2	2	1

表 4.14　判断矩阵 B_3

	构造条件 B_{31}	地质稳定性 B_{32}	黏土岩厚度 B_{33}	黏土岩产状 B_{34}	黏土岩延展区域 B_{35}	黏土岩埋深 B_{36}
构造条件 B_{31}	1	1	3	5	4	6
地质稳定性 B_{32}	1	1	3	5	4	6
黏土岩厚度 B_{33}	1/3	1/3	1	2	3	4
黏土岩产状 B_{34}	1/5	1/5	1/2	1	2	3
黏土岩延展区域 B_{35}	1/4	1/4	1/3	1/2	1	2
黏土岩埋深 B_{36}	1/6	1/6	1/4	1/3	1/2	1

表 4.15 判断矩阵 B_4

	地表水 B_{41}	地下含水层 B_{42}	钻孔涌水量 B_{43}
地表水 B_{41}	1	1	1/2
地下含水层 B_{42}	1	1	1/2
钻孔涌水量 B_{43}	2	2	1

（3）对各权重矩阵进行一致性检验。

采用层次分析法计算不同阻力层的权重，将各指标要素的相对重要性进行两两对比，借助软件（和积法）计算指标权重，通过一致性检验。计算公式为

$$CI = (\lambda_{max} - n)/(n-1)$$
$$CR = CI/RI$$

式中：λ_{max} 为最大特征根；CI 为一致性指标；CR 为一致性比率；RI 为随机一致性指标，可通过查表得到（表 4.16）。CR 越小，则说明判断矩阵一致性越好，若 CR 小于 0.1，则判断矩阵满足一致性检验。通过计算，各判断矩阵的一致性比率均小于 0.1（表 4.17），具有满意的一致性，则得到的权重是合理的。

（4）最后，得到准则层的权重和各指标层权重（表 4.18）。

表 4.16 随机一致性指标 RI

阶数	1	2	3	4	5	6	7	8	9	10	11	12
RI	0	0	0.52	0.89	1.12	1.26	1.36	1.41	1.46	1.49	1.52	1.54

表 4.17 各判断矩阵一致性指标 CI、一致性比率 CR

矩阵	一致性指标 CI	一致性比率 CR
A	0.003453	0.003880
B_1	0.010347	0.011625
B_2	0.004604	0.007939
B_3	0.036249	0.028769
B_4	0	0

表 4.18 评价指标体系与指标权重表

一级指标	权重 W	二级指标	权重（$W_1 \sim W_4$）
经济社会条件 B_1	0.141140	人口密度 B_{11}	0.465819
		土地条件 B_{12}	0.277140
		矿产资源 B_{13}	0.161070
		风景名胜 B_{14}	0.095970

续表

一级指标	权重 W	二级指标	权重（$W_1 \sim W_4$）
自然地理条件 B_2	0.141140	气候条件 B_{21}	0.538961
		交通条件 B_{22}	0.163781
		地形地貌 B_{23}	0.297258
地质条件 B_3	0.454670	构造条件 B_{31}	0.326523
		地质稳定性 B_{32}	0.326523
		黏土岩厚度 B_{33}	0.147166
		黏土岩产状 B_{34}	0.090672
		黏土岩延展区域 B_{35}	0.067791
		黏土岩埋深 B_{36}	0.041326
水文地质条件 B_4	0.263049	地表水 B_{41}	0.250000
		地下含水层 B_{42}	0.250000
		钻孔涌水量 B_{43}	0.500000

4.3.1.2　模糊数学综合评价

在对高放废物地质处置库黏土岩预选区适宜性评价过程中，尽量要以量化指标为主，但评价过程中难免出现指标无法量化的情况，这时必须以非量化指标辅之，即定性因素。定性因素之间的区别是渐变的，并不是突变的。定性指标的等级之间并没有十分明显的界限。而模糊数学综合评价就是考虑到对一个受多因素影响的事物评价不是简单的"好与不好"或者"是与不是"等界限明显，采用模糊语言的方法将之分成不同的等级来进行评价（龙泉，2007），并且模糊数学综合评价的方法简单易行且十分有效。所以，采用模糊数学综合评价的方法将这种模糊语言构成的定性指标转换为定量指标分析，从而有效解决指标量化的问题。

模糊数学综合评价步骤如下。

（1）评价参数的选择。此处选择的评价参数为黏土岩预选区适宜性评价的指标，设定黏土岩预选区评价因素集为 U：

$$U = \begin{bmatrix} U_1 & U_2 & \cdots & U_i \end{bmatrix}$$

式中：U_1，U_2，$\cdots$，U_i 为参与评价的 i 个因素值，是根据黏土岩预选区各重点工作区的具体情况选取的经济社会条件指标、自然地理条件指标、地质条件指标及水文地质条件指标，即黏土岩预选区适宜性评价指标体系。

通过对黏土岩预选区各重点工作区进行野外地质调查及资料收集整理，综合现有的研究成果，得到黏土岩预选区适宜性评价的二级指标数据，见表 4.19。

表 4.19　黏土岩预选区适宜性条件对比

指标	塔木素	苏宏图	南八仙	陇东
人口密度 B_{11}	平均 0.34 人/km²	平均 1.74 人/km²	平均 0.38 人/km²	平均 158 人/km²
土地条件 B_{12}	耕地比例极小、土壤肥力极低下	耕地比例极小、土壤肥力极低下	耕地比例极小、土壤肥力极低下	耕地比例大、土壤肥沃

续表

指标	塔木素	苏宏图	南八仙	陇东
矿产资源 B_{13}	矿产资源品种单一、储量很小、价值很小	矿产资源品种单一、储量很小、价值很小	矿产资源品种繁多、储量大、价值高	矿产资源品种繁多、储量大、价值高
风景名胜 B_{14}	数量极少，几乎没有开发利用价值	数量极少，几乎没有开发利用价值	数量较少，价值较小	数量多，价值高
气候条件 B_{21}	年平均降水量 80~200mm	年平均降水量 70mm	年平均降水量 29.6mm	年平均降水量 400~800mm
交通条件 B_{22}	便利	便利	便利	非常便利
地形地貌 B_{23}	地形平坦，相对高差最大约 60m	地形较为平坦，相对高差为 50~200m	地形较为平坦，相对高差 50~200m	地形有一定起伏，相对高差 200~500m
构造条件 B_{31}	4 个控盆断裂，2 个凸起，2 个凹陷，构造发育一般	4 个控盆断裂，3 个凸起，4 个凹陷，构造较为发育	5 个控盆断裂，1 个隆起，2 个逆冲带，3 个拗陷，构造较为发育	盆地四周发育断裂与褶皱带，内部构造简单且极不发育，构造发育一般
地质稳定性 B_{32}	地震发生概率极小，地质条件相对稳定	地震发生概率极小，地质条件相对稳定	地震发生概率极小，地质条件相对稳定	地震发生概率较小，地质条件相对稳定
黏土岩厚度 B_{33}	已知钻孔单层厚度大于 150m	已知钻孔单层厚度大于 150m	已知钻孔单层厚度 80~100m	已知钻孔单层厚度小于 80m
黏土岩产状 B_{34}	6°	0°~10°	0°~5°	0°~5°
黏土岩延展区域 B_{35}	约 300km²，长宽比不大于 10∶1	约 550km²，长宽比不大于 10∶1	约 250km²，长宽比不大于 10∶1	约 250km²，长宽比不大于 10∶1
黏土岩埋深 B_{36}	560~750m	大于 800m	100~600m	200~600m
地表水 B_{41}	地表水不发育	地表水不发育	地表水发育一般	地表水极为发育
地下含水层 B_{42}	地下含水层不发育	地下含水层不发育	地下含水层较为发育	地下含水层较为发育
钻孔涌水量 B_{43}	已知钻孔涌水量 0.17~408.32m³/d	已知钻孔涌水量小于 55m³/d	已知钻孔涌水量 100~1000m³/d	已知钻孔涌水量 500~2300m³/d

（2）评价标准的建立。设定黏土岩预选区适宜性评价集合为 V：$V=\begin{bmatrix} V_1 & V_2 & \cdots & V_j \end{bmatrix}^{\mathrm{T}}$。式中：$V_1,V_2,\cdots,V_j$ 为与 U_i 相对应的评价标准集合。

根据黏土岩预选区适宜性评价二级指标的相关内容和数据，对二级指标进行标准等级划分，将每个评价指标的标准划分为劣、差、中、良和优五个等级，分别赋值为 1 分、3 分、5 分、7 分和 9 分（具体见表 4.20），则评价尺度 $V=\begin{bmatrix} 1 \\ 3 \\ 5 \\ 7 \\ 9 \end{bmatrix}$。

表 4.20 黏土岩预选区适宜性评价指标等级划分及对应分值表

准则层	指标层	指标分级标准				
		劣（1）	差（3）	中等（5）	良（7）	优（9）
经济社会条件 B_1	人口密度 B_{11}	大于 100 人/km²	50～100 人/km²	10～50 人/km²	1～10 人/km²	小于 1 人/km²
	土地条件 B_{12}	耕地比例大、土壤肥沃	耕地比例较大、土壤较肥沃	耕地比例一般、土壤肥力中等	耕地比例较小、土壤肥力较差	耕地比例极小、土壤肥力极其低下
	矿产资源 B_{13}	品种繁多、储量大、价值高	品种较多、储量较大、价值较高	品种较多、储量中等、价值一般	品种较小、储量较小、价值较小	品种单一、储量很小、价值很小
	风景名胜 B_{14}	数量多，价值高	数量较多，价值较高	数量一般，价值一般	数量较少，价值较小	数量极少，几乎没有开发利用价值
自然地理条件 B_2	气候条件 B_{21}	年平均降水量大于 1200mm	年平均降水量 800～1200mm	年平均降水量 400～800mm	年平均降水量 200～400mm	年平均降水量小于 200mm
	交通条件 B_{22}	极差	较差	较便利	便利	非常便利
	地形地貌 B_{23}	地形切割较强烈，相对高差大于 1000m	地形有较大起伏，相对高差介于 500～1000m	地形有一定起伏，相对高差介于 200～500m	地形较为平坦，相对高差介于 50～200m	地形平坦，起伏小，相对高差小于 50m
地质条件 B_3	构造条件 B_{31}	构造极其发育	构造较为发育	构造发育一般	构造不发育	构造极其不发育
	地质稳定性 B_{32}	极易发生地震	地震发生概率大	地震发生概率较小	地震发生概率极小	不发生地震
	黏土岩厚度 B_{33}	小于 80m	80～100m	100～120m	120～150m	大于 150m
	黏土岩产状 B_{34}	大于 20°	15°～20°	10°～15°	5°～10°	小于 5°
	黏土岩延展区域 B_{35}	小于 100km²，长宽比不大于 4:1	100～150km²，长宽比不大于 5:1	150～200km²，长宽比不大于 6:1	200～250km²，长宽比不大于 8:1	大于 250km²，长宽比不大于 10:1
	黏土岩埋深 B_{36}	小于 200m 或大于 1000m	200～300m 或 800～1000m	300～400m 或 700～800m	400～500m 或 600～700m	500～600m
水文地质条件 B_4	地表水 B_{41}	地表水极为发育	地表水较为发育	地表水发育一般	地表水不发育	地表水极不发育
	地下含水层 B_{42}	含水层极为发育	含水层较为发育	含水层发育一般	含水层不发育	几乎无含水层
	钻孔涌水量 B_{43}	大于 2000m³/d	1000～2000m³/d	500～1000m³/d	100～500m³/d	小于 100m³/d

（3）确定隶属度矩阵。建立黏土岩预选区重点工作区适宜性标准等级所对应的二级指标的隶属函数，求出二级指标的隶属度矩阵 R，其关系式如下：

$$R_{ij}=\begin{cases}1, & 0\leq U_i\leq V_1\\ \dfrac{U_i-V_1}{V_2-V_1}, & V_1\leq U_i\leq V_2\\ 0, & U_i\geq V_2\end{cases} \tag{1.1}$$

式中：V_1、V_2 由 U_1、U_2 确定。

（4）模糊矩阵复合运算。利用层次分析法得到二级指标的权重矩阵 W_i，以及由二级指标求得的对应的隶属度矩阵 R_i，运用综合评价指数计算公式：$Y_i=W_i\times R_i$，得到一级指标的隶属度矩阵，再由一级指标的隶属度矩阵与一级指标的权重矩阵得到黏土岩预选区适宜性综合评价的隶属度矩阵（隶属度矩阵能够反映出指标在标准等级中所占的比重）。

（5）计算评价结果分值。

由公式 $N=Y\times V$（V 为评价尺度），计算得到黏土岩预选区的适宜性分值。

（6）再将 N 进行标准化，标准化公式为 $S=N/9\times100$。

据此可以将黏土岩预选区适宜性评价结果分值转化为 0~100 的标准分值。

4.3.2 综合评价

4.3.2.1 塔木素预选区的评价

（1）通过构建塔木素预选区的适宜性二级指标的隶属度矩阵，对塔木素预选区的适宜性进行综合评价，见表4.21。

表4.21 塔木素预选区适宜性二级指标的隶属度矩阵

指标层	评价对象与评价等级				
	劣（1）	差（3）	中等（5）	良（7）	优（9）
人口密度 B_{11}	0	0	0	0	1
土地条件 B_{12}	0	0	0	0	1
矿产资源 B_{13}	0	0	0	0	1
风景名胜 B_{14}	0	0	0	0	1
气候条件 B_{21}	0	0	0	0	1
交通条件 B_{22}	0	0	0	1	0
地形地貌 B_{23}	0	0	0	1	0
构造条件 B_{31}	0	0	1	0	0
地质稳定性 B_{32}	0	0	0	1	0
黏土岩厚度 B_{33}	0	0	0	0	1
黏土岩产状 B_{34}	0	0	0	1	0
黏土岩延展区域 B_{35}	0	0	0	0	1

指标层	评价对象与评价等级				
	劣（1）	差（3）	中等（5）	良（7）	优（9）
黏土岩埋深 B_{36}	0	0	0.25	0.5	0.25
地表水 B_{41}	0	0	0	1	0
地下含水层 B_{42}	0	0	0	1	0
钻孔涌水量 B_{43}	0	0	0	0.8	0.2

塔木素预选区二级指标的隶属度矩阵分别为

$$\boldsymbol{R}_1 = \begin{bmatrix} 0 & 0 & 0 & 0 & 1 \\ 0 & 0 & 0 & 0 & 1 \\ 0 & 0 & 0 & 0 & 1 \\ 0 & 0 & 0 & 0 & 1 \end{bmatrix}$$

$$\boldsymbol{R}_2 = \begin{bmatrix} 0 & 0 & 0 & 0 & 1 \\ 0 & 0 & 0 & 1 & 0 \\ 0 & 0 & 0 & 1 & 0 \end{bmatrix}$$

$$\boldsymbol{R}_3 = \begin{bmatrix} 0 & 0 & 1 & 0 & 0 \\ 0 & 0 & 0 & 1 & 0 \\ 0 & 0 & 0 & 0 & 1 \\ 0 & 0 & 0 & 1 & 0 \\ 0 & 0 & 0 & 0 & 1 \\ 0 & 0 & 0.25 & 0.5 & 0.25 \end{bmatrix}$$

$$\boldsymbol{R}_4 = \begin{bmatrix} 0 & 0 & 0 & 1 & 0 \\ 0 & 0 & 0 & 1 & 0 \\ 0 & 0 & 0 & 0.8 & 0.2 \end{bmatrix}$$

（2）由综合评价指数计算公式：$\boldsymbol{Y}_i = \boldsymbol{W}_i \times \boldsymbol{R}_i$（$i=1$，2，3，4）（$\boldsymbol{W}_i$ 为表4.18 中得到的权重矩阵），得到塔木素预选区适宜性一级指标的隶属度矩阵，见表4.22。

表4.22　塔木素预选区适宜性一级指标的隶属度矩阵

准则层	评价对象与评价等级				
	劣（1）	差（3）	中等（5）	良（7）	优（9）
经济社会条件 B_1	0	0	0	0	1
自然地理条件 B_2	0	0	0	0.461039	0.538961
地质条件 B_3	0	0	0.336855	0.437858	0.225289
水文地质条件 B_4	0	0	0	0.9	0.1

塔木素预选区适宜性一级指标的隶属度矩阵为

$$R = \begin{bmatrix} 0 & 0 & 0 & 0 & 1 \\ 0 & 0 & 0 & 0.461039 & 0.538961 \\ 0 & 0 & 0.336855 & 0.437858 & 0.225289 \\ 0 & 0 & 0 & 0.9 & 0.1 \end{bmatrix}$$

则计算出塔木素预选区适宜性综合评价的隶属度矩阵为

$$Y = W \times R = \begin{bmatrix} 0 & 0 & 0.153158 & 0.500896 & 0.345946 \end{bmatrix}$$

（3）由 $N = Y \times V$（V 为评价尺度），计算得到预选区适宜性分值：

$$N = \begin{bmatrix} 0 & 0 & 0.153158 & 0.500896 & 0.345946 \end{bmatrix} \times \begin{bmatrix} 1 \\ 3 \\ 5 \\ 7 \\ 9 \end{bmatrix} = 7.385576$$

（4）再将 N 进行标准化，标准化公式为 $S = N/9 \times 100$，最终得到塔木素预选区综合评价结果标准分值为 82.062。

4.3.2.2　苏宏图预选区评价

（1）通过构建苏宏图预选区适宜性二级指标的隶属度矩阵，对苏宏图预选区的适宜性进行综合评价，见表 4.23。

表 4.23　苏宏图预选区适宜性二级指标的隶属度矩阵

指标层	评价对象与评价等级				
	劣（1）	差（3）	中等（5）	良（7）	优（9）
人口密度 B_{11}	0	0	0	1	0
土地条件 B_{12}	0	0	0	0	1
矿产资源 B_{13}	0	0	0	0	1
风景名胜 B_{14}	0	0	0	0	1
气候条件 B_{21}	0	0	0	0	1
交通条件 B_{22}	0	0	0	1	0
地形地貌 B_{23}	0	0	0	1	0
构造条件 B_{31}	0	1	0	0	0
地质稳定性 B_{32}	0	0	0	1	0
黏土岩厚度 B_{33}	0	0	0	0	1
黏土岩产状 B_{34}	0	0	0	0.5	0.5
黏土岩延展区域 B_{35}	0	0	0	0	1
黏土岩埋深 B_{36}	0	1	0	0	0
地表水 B_{41}	0	0	0	1	0
地下含水层 B_{42}	0	0	0	1	0
钻孔涌水量 B_{43}	0	0	0	0	1

苏宏图预选区适宜性二级指标的隶属度矩阵分别为

$$R_1 = \begin{bmatrix} 0 & 0 & 0 & 1 & 0 \\ 0 & 0 & 0 & 0 & 1 \\ 0 & 0 & 0 & 0 & 1 \\ 0 & 0 & 0 & 0 & 1 \end{bmatrix}$$

$$R_2 = \begin{bmatrix} 0 & 0 & 0 & 0 & 1 \\ 0 & 0 & 0 & 1 & 0 \\ 0 & 0 & 0 & 1 & 0 \end{bmatrix}$$

$$R_3 = \begin{bmatrix} 0 & 1 & 0 & 0 & 0 \\ 0 & 0 & 0 & 1 & 0 \\ 0 & 0 & 0 & 0 & 1 \\ 0 & 0 & 0 & 0.5 & 0.5 \\ 0 & 0 & 0 & 0 & 1 \\ 0 & 1 & 0 & 0 & 0 \end{bmatrix}$$

$$R_4 = \begin{bmatrix} 0 & 0 & 0 & 1 & 0 \\ 0 & 0 & 0 & 1 & 0 \\ 0 & 0 & 0 & 0 & 1 \end{bmatrix}$$

（2）由综合评价指数计算公式：$Y_i = W_i \times R_i$（$i = 1$，2，3，4）（W_i 为表 4.18 中得到的权重矩阵），得到苏宏图预选区适宜性一级指标的隶属度矩阵，见表 4.24。

表 4.24　苏宏图预选区适宜性一级指标的隶属度矩阵

准则层	评价对象与评价等级				
	劣（1）	差（3）	中等（5）	良（7）	优（9）
经济社会条件 B_1	0	0	0	0.465819	0.534181
自然地理条件 B_2	0	0	0	0.461039	0.538961
地质条件 B_3	0	0.367849	0	0.371859	0.260293
水文地质条件 B_4	0	0	0	0.5	0.5

苏宏图预选区适宜性一级指标的隶属度矩阵为

$$R = \begin{bmatrix} 0 & 0 & 0 & 0.465819 & 0.534181 \\ 0 & 0 & 0 & 0.461039 & 0.538961 \\ 0 & 0.367849 & 0 & 0.371859 & 0.260293 \\ 0 & 0 & 0 & 0.5 & 0.5 \end{bmatrix}$$

则计算出苏宏图预选区适宜性综合评价的隶属度矩阵为

$$Y = W \times R = \begin{bmatrix} 0 & 0.16725 & 0 & 0.431414 & 0.401335 \end{bmatrix}$$

（3）由 $N = Y \times V$（V 为评价尺度），计算得到苏宏图预选区适宜性分值：

$$N = \begin{bmatrix} 0 & 0.16725 & 0 & 0.431414 & 0.401335 \end{bmatrix} \times \begin{bmatrix} 1 \\ 3 \\ 5 \\ 7 \\ 9 \end{bmatrix} = 7.133663$$

（4）再将 N 进行标准化，标准化公式为 $S = N/9 \times 100$。最终得到苏宏图预选区综合评价结果标准分值为 79.263。

4.3.2.3 南八仙预选区评价

（1）对南八仙预选区适宜性进行综合评价，构建南八仙预选区适宜性二级指标的隶属度矩阵，见表4.25。

表 4.25 南八仙预选区适宜性二级指标的隶属度矩阵

指标层	评价对象与评价等级				
	劣（1）	差（3）	中等（5）	良（7）	优（9）
人口密度 B_{11}	0	0	0	0	1
土地条件 B_{12}	0	0	0	0	1
矿产资源 B_{13}	1	0	0	0	0
风景名胜 B_{14}	0	0	0	1	0
气候条件 B_{21}	0	0	0	0	1
交通条件 B_{22}	0	0	0	1	0
地形地貌 B_{23}	0	0	0	1	0
构造条件 B_{31}	0	1	0	0	0
地质稳定性 B_{32}	0	0	0	1	0
黏土岩厚度 B_{33}	0	1	0	0	0
黏土岩产状 B_{34}	0	0	0	0	1
黏土岩延展区域 B_{35}	0	0	0	1	0
黏土岩埋深 B_{36}	0.2	0.2	0.2	0.2	0.2
地表水 B_{41}	0	0	1	0	0
地下含水层 B_{42}	0	1	0	0	0
钻孔涌水量 B_{43}	0	0	0.5	0.5	0

南八仙预选区适宜性二级指标的隶属度矩阵分别为

$$\boldsymbol{R}_1 = \begin{bmatrix} 0 & 0 & 0 & 0 & 1 \\ 0 & 0 & 0 & 0 & 1 \\ 1 & 0 & 0 & 0 & 0 \\ 0 & 0 & 0 & 1 & 0 \end{bmatrix}$$

$$R_2 = \begin{bmatrix} 0 & 0 & 0 & 0 & 1 \\ 0 & 0 & 0 & 1 & 0 \\ 0 & 0 & 0 & 1 & 0 \end{bmatrix}$$

$$R_3 = \begin{bmatrix} 0 & 1 & 0 & 0 & 0 \\ 0 & 0 & 0 & 1 & 0 \\ 0 & 1 & 0 & 0 & 0 \\ 0 & 0 & 0 & 0 & 1 \\ 0 & 0 & 0 & 1 & 0 \\ 0.2 & 0.2 & 0.2 & 0.2 & 0.2 \end{bmatrix}$$

$$R_4 = \begin{bmatrix} 0 & 0 & 1 & 0 & 0 \\ 0 & 1 & 0 & 0 & 0 \\ 0 & 0 & 0.5 & 0.5 & 0 \end{bmatrix}$$

（2）由综合评价指数计算公式：$Y_i = W_i \times R_i$（$i = 1$，2，3，4）（W_i 为表 4.18 中得到的权重矩阵），得到南八仙预选区适宜性一级指标的隶属度矩阵，见表 4.26。

表 4.26　南八仙预选区适宜性一级指标的隶属度矩阵

准则层	评价对象与评价等级				
	劣（1）	差（3）	中等（5）	良（7）	优（9）
经济社会条件 B_1	0.16107	0	0	0.09597	0.74296
自然地理条件 B_2	0	0	0	0.461039	0.538961
地质条件 B_3	0.008265	0.481954	0.008265	0.402579	0.098937
水文地质条件 B_4	0	0.25	0.5	0.25	0

南八仙预选区适宜性一级指标的隶属度矩阵为

$$R = \begin{bmatrix} 0.16107 & 0 & 0 & 0.09597 & 0.74296 \\ 0 & 0 & 0 & 0.461039 & 0.538961 \\ 0.008265 & 0.481954 & 0.008265 & 0.402579 & 0.098937 \\ 0 & 0.25 & 0.5 & 0.25 & 0 \end{bmatrix}$$

则计算出南八仙预选区适宜性综合评价的隶属度矩阵为

$$Y = W \times R = \begin{bmatrix} 0.026491 & 0.284892 & 0.135282 & 0.327419 & 0.225914 \end{bmatrix}$$

（3）由 $N = Y \times V$（V 为评价尺度），计算得到南八仙预选区适宜性分值：

$$N = \begin{bmatrix} 0.026491 & 0.284892 & 0.135282 & 0.327419 & 0.225914 \end{bmatrix} \times \begin{bmatrix} 1 \\ 3 \\ 5 \\ 7 \\ 9 \end{bmatrix} = 5.882736$$

（4）再将 N 进行标准化，标准化公式为 $S = N/9 \times 100$。最终得到南八仙预选区的综合评价结果标准分值为 65.364。

4.3.2.4 陇东预选区评价

（1）对陇东预选区适宜性进行综合评价，构建陇东预选区适宜性二级指标的隶属度矩阵，见表4.27。

表 4.27 陇东预选区适宜性二级指标的隶属度矩阵

指标层	评价对象与评价等级				
	劣（1）	差（3）	中等（5）	良（7）	优（9）
人口密度 B_{11}	1	0	0	0	0
土地条件 B_{12}	1	0	0	0	0
矿产资源 B_{13}	1	0	0	0	0
风景名胜 B_{14}	1	0	0	0	0
气候条件 B_{21}	0	0	1	0	0
交通条件 B_{22}	0	0	0	0	1
地形地貌 B_{23}	0	0	1	0	0
构造条件 B_{31}	0	0	1	0	0
地质稳定性 B_{32}	0	0	1	0	0
黏土岩厚度 B_{33}	1	0	0	0	0
黏土岩产状 B_{34}	0	0	0	0	1
黏土岩延展区域 B_{35}	0	0	0	1	0
黏土岩埋深 B_{36}	0	0.25	0.25	0.25	0.25
地表水 B_{41}	1	0	0	0	0
地下含水层 B_{42}	0	1	0	0	0
钻孔涌水量 B_{43}	0.25	0.5	0.25	0	0

陇东预选区适宜性二级指标的隶属度矩阵分别为

$$\boldsymbol{R}_1 = \begin{bmatrix} 1 & 0 & 0 & 0 & 0 \\ 1 & 0 & 0 & 0 & 0 \\ 1 & 0 & 0 & 0 & 0 \\ 1 & 0 & 0 & 0 & 0 \end{bmatrix}$$

$$\boldsymbol{R}_2 = \begin{bmatrix} 0 & 0 & 1 & 0 & 0 \\ 0 & 0 & 0 & 0 & 1 \\ 0 & 0 & 1 & 0 & 0 \end{bmatrix}$$

$$\boldsymbol{R}_3 = \begin{bmatrix} 0 & 0 & 1 & 0 & 0 \\ 0 & 0 & 1 & 0 & 0 \\ 1 & 0 & 0 & 0 & 0 \\ 0 & 0 & 0 & 0 & 1 \\ 0 & 0 & 0 & 1 & 0 \\ 0 & 0.25 & 0.25 & 0.25 & 0.25 \end{bmatrix}$$

$$\boldsymbol{R}_4 = \begin{bmatrix} 1 & 0 & 0 & 0 & 0 \\ 0 & 1 & 0 & 0 & 0 \\ 0.25 & 0.5 & 0.25 & 0 & 0 \end{bmatrix}$$

（2）由综合评价指数计算公式：$\boldsymbol{Y}_i = \boldsymbol{W}_i \times \boldsymbol{R}_i$（$i = 1$，2，3，4）（$\boldsymbol{W}_i$ 为表 4.18 中得到的权重矩阵），得到陇东预选区适宜性一级指标的隶属度矩阵，见表 4.28。

表 4.28　陇东预选区适宜性一级指标的隶属度矩阵

准则层	评价对象与评价等级				
	劣（1）	差（3）	中等（5）	良（7）	优（9）
经济社会条件 B_1	1	0	0	0	0
自然地理条件 B_2	0	0	0.836219	0	0.163781
地质条件 B_3	0.147166	0.010332	0.663378	0.078123	0.101003
水文地质条件 B_4	0.375	0.5	0.125	0	0

陇东预选区适宜性一级指标的隶属度矩阵为

$$\boldsymbol{R} = \begin{bmatrix} 1 & 0 & 0 & 0 & 0 \\ 0 & 0 & 0.836219 & 0 & 0.163781 \\ 0.147166 & 0.010332 & 0.663378 & 0.078123 & 0.101003 \\ 0.375 & 0.5 & 0.125 & 0 & 0 \end{bmatrix}$$

则计算出陇东预选区适宜性综合评价的隶属度矩阵为

$$\boldsymbol{Y} = \boldsymbol{W} \times \boldsymbol{R} = \begin{bmatrix} 0.306695 & 0.136222 & 0.452523 & 0.03552 & 0.069039 \end{bmatrix}$$

（3）由 $N = \boldsymbol{Y} \times \boldsymbol{V}$（$\boldsymbol{V}$ 为评价尺度），计算得到陇东预选区适宜性分值：

$$N = \begin{bmatrix} 0.306695 & 0.136222 & 0.452523 & 0.03552 & 0.069039 \end{bmatrix} \times \begin{bmatrix} 1 \\ 3 \\ 5 \\ 7 \\ 9 \end{bmatrix} = 3.847967$$

（4）再将 N 进行标准化，标准化公式为 $S = N/9 \times 100$。最终得到陇东预选区的综合评价结果标准分值为 42.755。

4.4 黏土岩预选区适宜性评价结果与筛选

4.4.1 适宜性评价结果

高放废物地质处置库黏土岩预选区适宜性评价结果的标准分值及等级划分见表4.29。

表4.29 黏土岩预选区适宜性标准分值等级划分表

适宜性	不适宜	基本适宜	较适宜	适宜	高度适宜
标准分值	<60	60~70	70~80	80~90	90~100

将四个黏土岩预选区适宜性的评价结果进行标准处理，得到相应的标准分值，对照表4.29的等级划分即可判定各黏土岩预选区的适宜性，结果见表4.30。

表4.30 四个黏土岩预选区适宜性评价结果

预选区	标准分值	适宜性
塔木素	82.062	适宜
苏宏图	79.263	较适宜
南八仙	65.364	基本适宜
陇东	42.755	不适宜

评价结果显示：塔木素预选区标准分值最高，为82.062，适宜性等级为"适宜"；其次为苏宏图预选区，标准分值为79.263，适宜性等级为"较适宜"；再次为南八仙预选区，标准分值为65.364，适宜性等级为"基本适宜"；陇东预选区分值最低，标准分值为42.755，适宜性等级为"不适宜"。所以作为高放废物地质处置库黏土岩预选区的适宜性排序为：塔木素预选区（适宜）>苏宏图预选区（较适宜）>南八仙预选区（基本适宜）>陇东预选区（不适宜）。

因此，按照高放废物地质处置库黏土岩预选区的适宜性由高到低的顺序是：塔木素预选区适宜性最高，其次为苏宏图预选区，再次为南八仙预选区，而陇东预选区相对不适宜。

4.4.2 适宜性隶属度分析

通过对黏土岩预选区进行模糊综合评价，可进一步计算得到黏土岩预选区适宜性评价指标的隶属度（表4.31），而隶属度又能够反映出黏土岩预选区适宜性评价指标在评价等级中所占的比重（图4.11）。

表 4.31　四个预选区适宜性评价指标隶属度对比

预选区	评价对象与评价等级				
	劣（1）	差（3）	中等（5）	良（7）	优（9）
塔木素	0	0	0.153158	0.500896	0.345946
苏宏图	0	0.16725	0	0.431414	0.401335
南八仙	0.026491	0.284892	0.135282	0.327419	0.225914
陇东	0.306695	0.136222	0.452523	0.03552	0.069039

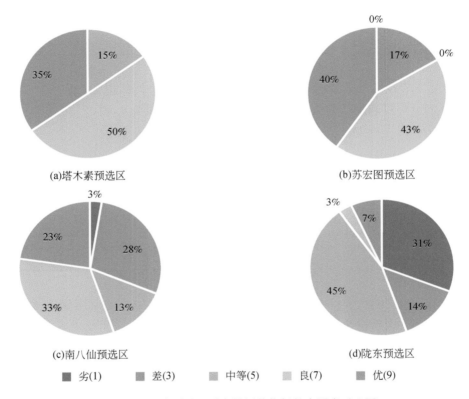

图 4.11　四个预选区适宜性评价指标的隶属度对比图

塔木素预选区的适宜性最好，有 35% 的指标隶属于等级优，50% 的指标隶属于等级良，15% 的指标隶属于等级中等；其次为苏宏图预选区，40% 的指标隶属于等级优，43% 的指标隶属于等级良，17% 的指标隶属于等级差；再次为南八仙预选区，23% 的指标隶属于等级优，33% 的指标隶属于等级良，13% 的指标隶属于等级中等，28% 的指标隶属于等级差，3% 的指标隶属于等级劣；最后为陇东预选区，适宜性条件最差，有 7% 的指标隶属于等级优，3% 的指标隶属于等级良，45% 的指标隶属于等级中等，14% 的指标隶属于等级差，31% 的指标隶属于等级劣。因此，黏土岩预选区的适宜性排序为塔木素预选区>苏宏图预选区>南八仙预选区>陇东预选区。

4.4.3 一级指标隶属度分析

4.4.3.1 黏土岩预选区经济社会条件隶属度分析

黏土岩预选区适宜性评价一级指标经济社会条件的二级指标隶属度见表4.32，反映出黏土岩预选区经济社会条件的二级指标在评价等级中所占比例（图4.12）。

表4.32 经济社会条件的二级指标隶属度

预选区	评价对象与评价等级				
	劣（1）	差（3）	中等（5）	良（7）	优（9）
塔木素	0	0	0	0	1
苏宏图	0	0	0	0.465819	0.534181
南八仙	0.16107	0	0	0.09597	0.74296
陇东	1	0	0	0	0

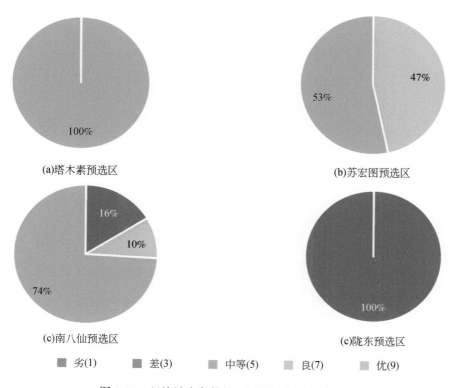

(a)塔木素预选区　　　　　　　　(b)苏宏图预选区

(c)南八仙预选区　　　　　　　　(c)陇东预选区

■ 劣(1)　　■ 差(3)　　■ 中等(5)　　■ 良(7)　　■ 优(9)

图4.12 经济社会条件的二级指标隶属度对比图

塔木素预选区的经济社会条件最好，所有二级指标均隶属于等级优；其次为南八仙预选区，74%的二级指标隶属于等级优，10%的二级指标隶属于等级良，16%的二级指标隶属于等级劣；再次为苏宏图预选区，53%的二级指标隶属于等级优，47%的二级指标隶属于等级良；最后为陇东预选区，经济社会条件最差，100%的二级指标隶属于等级劣。因此，黏土岩预选区经济社会条件的优劣程度排序为塔木素预选区>南八仙预选区>苏宏图预选区>陇东预选区。

4.4.3.2　黏土岩预选区自然地理条件隶属度分析

黏土岩预选区适宜性评价一级指标自然地理条件的二级指标隶属度见表4.33，反映出黏土岩预选区自然地理条件的二级指标在评价等级中所占比例（图4.13）。

表 4.33　自然地理条件的二级指标隶属度

预选区	评价对象与评价等级				
	劣（1）	差（3）	中等（5）	良（7）	优（9）
塔木素	0	0	0	0.461039	0.538961
苏宏图	0	0	0	0.461039	0.538961
南八仙	0	0	0	0.461039	0.538961
陇东	0	0	0.836219	0	0.163781

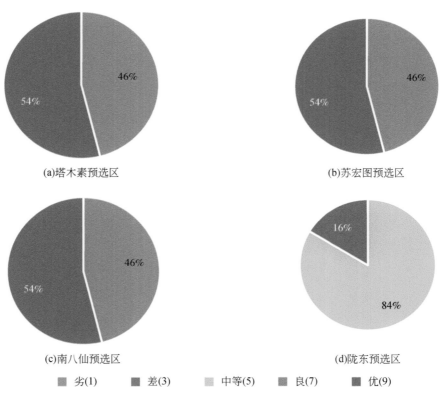

(a)塔木素预选区　　　　　　　　　　　(b)苏宏图预选区

(c)南八仙预选区　　　　　　　　　　　(d)陇东预选区

■ 劣(1)　　■ 差(3)　　■ 中等(5)　　■ 良(7)　　■ 优(9)

图 4.13　自然地理条件的二级指标隶属度对比图

塔木素预选区、苏宏图预选区和南八仙预选区的自然地理条件比较好，54%的二级指标隶属于等级优，46%的二级指标隶属于等级良；最后为陇东预选区，仅有16%的二级指标隶属于等级优，而84%的二级指标隶属于等级中等。因此，黏土岩预选区自然地理条件的优劣程度排序为塔木素预选区=苏宏图预选区=南八仙预选区>陇东预选区。

4.4.3.3 黏土岩预选区地质条件隶属度分析

黏土岩预选区适宜性评价一级指标地质条件的二级指标隶属度见表4.34，反映出黏土岩预选区地质条件二级指标在评价等级中所占比例（图4.14）。

表4.34 地质条件的二级指标隶属度

预选区	评价对象与评价等级				
	劣（1）	差（3）	中等（5）	良（7）	优（9）
塔木素	0	0	0.336855	0.437858	0.225289
苏宏图	0	0.367849	0	0.371859	0.260293
南八仙	0.008265	0.481954	0.008265	0.402579	0.098937
陇东	0.147166	0.010332	0.663378	0.078123	0.101003

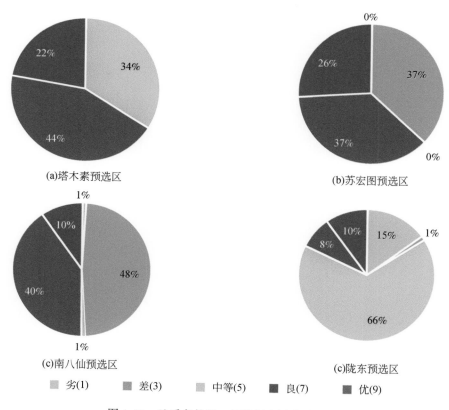

(a)塔木素预选区 (b)苏宏图预选区 (c)南八仙预选区 (c)陇东预选区

劣(1) 差(3) 中等(5) 良(7) 优(9)

图4.14 地质条件的二级指标隶属度对比图

塔木素预选区地质条件的二级指标中，有 22% 隶属于等级优，44% 隶属于等级良，34% 隶属于等级中等；苏宏图预选区地质条件的二级指标中，有 26% 隶属于等级优，37% 隶属于等级良，37% 隶属于等级差；南八仙预选区地质条件二级指标中，10% 隶属于等级优，40% 隶属于等级良，1% 隶属于等级中等，48% 隶属于等级差，1% 隶属于等级劣；陇东预选区地质条件二级指标中，仅有 10% 隶属于等级优，8% 隶属于等级良，66% 隶属于等级中等，1% 隶属于等级差，15% 隶属于等级劣。因此，黏土岩预选区地质条件的优劣程度排序为塔木素预选区>苏宏图预选区>陇东预选区>南八仙预选区。

4.4.3.4　黏土岩预选区水文地质条件隶属度分析

黏土岩预选区适宜性评价一级指标水文地质条件的二级指标隶属度见表 4.35，反映出黏土岩预选区水文地质条件的二级指标在评价等级中所占比例（图 4.15）。

表 4.35　水文地质条件的二级指标隶属度

预选区	评价对象与评价等级				
	劣（1）	差（3）	中等（5）	良（7）	优（9）
塔木素	0	0	0	0.9	0.1
苏宏图	0	0	0	0.5	0.5
南八仙	0	0.25	0.5	0.25	0
陇东	0.375	0.5	0.125	0	0

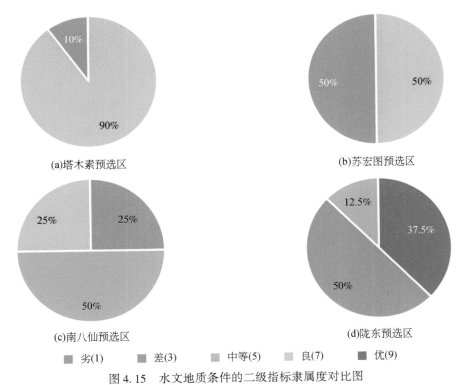

图 4.15　水文地质条件的二级指标隶属度对比图

塔木素预选区水文地质条件的二级指标中，有 10% 隶属于等级优，90% 隶属于等级良；苏宏图预选区水文地质条件的二级指标中，有 50% 隶属于等级优，50% 隶属于等级良；南八仙预选区水文地质条件的二级指标中，25% 隶属于等级良，50% 隶属于等级中等，25% 隶属于等级差；陇东预选区水文地质条件的二级指标中，有 12.5% 隶属于等级中等，50% 隶属于等级差，37.5% 隶属于等级劣。因此，黏土岩预选区水文地质条件的优劣程度排序为塔木素预选区>苏宏图预选区>南八仙预选区>陇东预选区。

4.4.4　适宜性评价结果

依据相关选址准则和标准，结合层次分析法等数学方法，对塔木素预选区、苏宏图预选区、陇东预选区和南八仙预选区四个黏土岩预选区进行了初步的适宜性评价。评价结果表明，内蒙古巴音戈壁盆地的塔木素预选区和苏宏图预选区是较为适宜的高放废物地质处置库黏土岩预选区。因此，后续将重点围绕塔木素预选区和苏宏图预选区开展地质条件、岩土力学、工程建设条件等的研究。

5 塔木素预选区地质条件研究

内蒙古巴音戈壁盆地塔木素预选区是重点研究高放废物地质处置库黏土岩预选区，本章将从塔木素预选区地质特征、重点目的层位、泥岩特性（岩石学特征、地球化学特征、力学性能、基本物理性质）等方面进行系统研究，为塔木素预选区详细的适宜性评价提供科学依据和支撑。

5.1 塔木素预选区地质特征

5.1.1 塔木素预选区区域地质调查概况

塔木素预选区 1:5 万区域地质调查工作的室内设计调查路线 20 条（图 5.1），实际完成的主要工作量为：野外地质调查路线共计 22 条，路线总长度约 318km，详细踏勘地质点 312 个，其中地质界线点 120 个，平均约 1km 勘定一个地质点。塔木素预选区野外地质路线调查以穿越地质界线为主、追索地质界线为辅，调查内容包括地层、构造、地貌等。

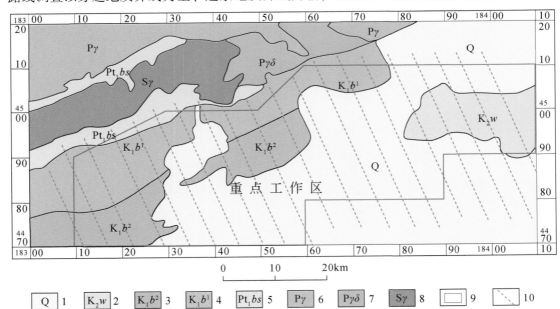

图 5.1 塔木素预选区区域地质调查设计调查路线图

1-第四系；2-乌兰苏海组；3-巴音戈壁组上段；4-巴音戈壁组下段；5-北山群；6-二叠纪花岗岩；
7-二叠纪花岗闪长岩；8-志留纪花岗岩；9-重点工作区；10-设计调查路线

预选区地表可见巴音戈壁组上下段出露，但总体天然露头较差，主要为第四系风成黄沙和洪积砾石覆盖。以路线 L2015 和 L2080 来对塔木素预选区地质调查结果进行简单描述。

L2015 路线由南至北，总长 16252.21m，共 16 个地质点、3 个地质界线点、16 个照片点。L2015 路线依次见第四系、巴音戈壁组上段及巴音戈壁组下段。岩性为第四系土黄色沙和砾石、巴音戈壁组上段砖红色细砂岩和巴音戈壁组下段红色、紫红色砂岩（图 5.2）。整条路线地表主要被第四系土黄色细沙覆盖，夹有杂色砾石。地表植被覆盖变化不大，总体覆盖率约 10%。

(a)植被覆盖　　　　　　　　　　(b)巴音戈壁组天然露头

图 5.2　塔木素预选区第四系风积沙

L2080 路线由北自南，总长 15155.21m，共 16 个地质点、7 个地质界线点、67 个照片点。依次见第四系和巴音戈壁组上段相互交替。巴音戈壁组上段为砖红色细砂岩及青灰色细砂岩。整条路线地表主要被第四系土黄色细沙覆盖，夹有杂色砾石，露头信息差（图 5.3）。地表植被覆盖变化不大，总体覆盖率约 10%。

(a)　　　　　　　　　　　　　(b)

图 5.3　塔木素预选区巴音戈壁组水平层理（a）及巴音戈壁组被第四系覆盖（b）

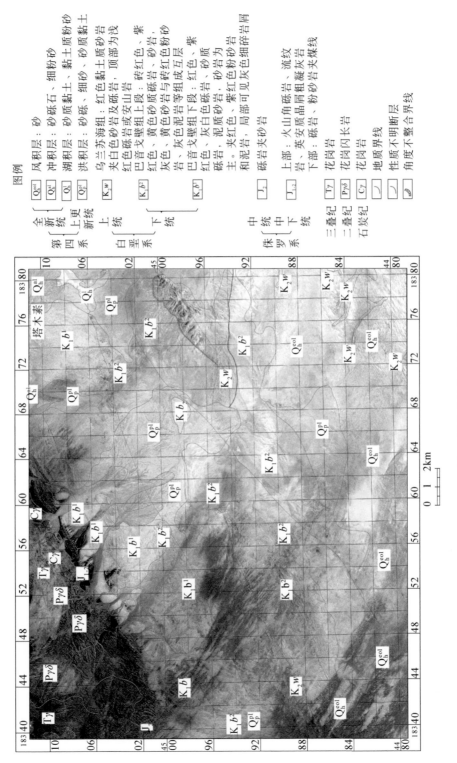

图5.4 塔木素预选区遥感地质解译图

图例

第四系
- 全新统
  - Q_h^{eol} 风积层：砂
  - Q_h^{al} 冲积层：砂砾石、细粉砂
  - Q_l 湖积层：砂质黏土、黏土质粉砂
- 上更新统
  - Q_p^{pl} 洪积层：砂砾、细砂、砂质黏土

白垩系
- 上统
  - K_2w 乌兰苏海组或安山岩，顶部为浅红色砂岩及安山岩上段：砖红色、紫夹白色砂岩
- 下统
  - K_1b^1 巴音戈壁组上段：砖红色、砂岩、灰色、黄色砂岩与砖红色粉砂岩等组成红白层互层
  - K_1b^2 巴音戈壁组下段：红色、紫夹灰色砾岩，泥质砂岩、砂质砾岩，局部可见灰色细碎屑岩主。和泥岩，紫红色、紫红色粉砂岩红色细碎屑岩屑

侏罗系
- 中统
  - J_2 上部：火山角砾岩、流纹岩，英安质晶屑凝灰岩灰色下部：砾岩、粉砂岩夹灰色夹煤线

三叠纪
- $T\gamma$ 花岗岩

二叠纪
- $P\gamma\delta$ 花岗闪长岩

石炭纪
- C_2 花岗岩

- ⌐ 地质界线
- ⌐ 性质不明断层
- ⌐ 角度不整合界线

0 1 2km

5.1.2　塔木素预选区遥感地质解译

塔木素预选区遥感地质解译范围为东经 103°06′00″～103°35′30″；北纬 40°26′00″～40°43′30″。预选区位于 P132R032 影像区域内，选择了 2009 年 4 月 6 日的 ETM+图像。图像数据预处理在 ERDAS IMAGINE 9.2 软件中完成，几何校正、影像成图和地质解译在 MAPGIS 6.7 软件中进行。按精度要求对原始遥感图像进行了彩色合成、空间分辨率融合、几何校正等处理工作，获得了塔木素预选区 1∶50000 遥感图像（图 5.4）。再根据断裂构造的解译标志，对断裂构造进行全面解译，在塔木素预选区共解译出断裂构造 19 条，主要断裂有 16 条（图 5.5）。下面对主要断裂构造的解译标志分别进行阐述（表 5.1）。

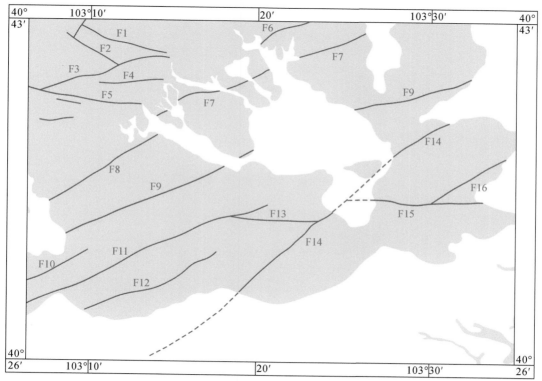

图 5.5　塔木素预选区遥感线性构造解译图

白色区为第四系覆盖区；灰色为基岩出露区

表 5.1　塔木素预选区线性构造解译标志一览表

断层编号	长度/km	断产状	图像解译标志
F1	7.67	北西-南东走向	脊垄地形、断层两侧图像颜色差异大。在断层的北东段，沿断层存在直线状排列的脊垄地形，推断该脊垄地貌是一条北西-南东走向的脉体。断层的南东段，断层两侧的图像颜色差异大。断层北东侧图像呈灰色、灰蓝色，断层南西侧图像呈紫红色。颜色分界面呈直线状延伸

续表

断层编号	长度/km	断产状	图像解译标志
F2	5.28	北西–南东走向	断层两侧地貌类型差异大。断层两侧岩石地层相同。沿断层走向方向，断续存在一些脊垄
F3	11.52	北东–南西走向	断层南西段，两侧岩石地层不同，地貌延伸被错断。断层北东段主要表现为直线状沟谷，沟谷横剖面呈"V"字形
F4	5.48	近东西向	直线状沟谷，沟谷横剖面呈"V"字形
F5	9.84	北西西–南东东走向	岩石地层延伸被错断。断层两侧岩石地层相同
F6	4.78	北东东–南西西走向	线状脊垄地貌，断层两侧地貌类型差异大。沿断层走向方向，断续存在一些脊垄。断层北侧图像纹理粗糙，水系近南北走向。断层南侧，图像呈条块状，水系近东西走向。断层两侧地貌类型差异大
F7	14.31	北东–南西走向	断层两侧地貌类型差异大，沿直线状分布断层陡坎。断层北西侧图像光滑，地势平缓，具有北东向纹理。断层南东侧图像粗糙，具有北西延伸的纹理，地势较高，见"麻点状"山包。山包阴影较深，山包呈线性排列
F8	10.46	北东–南西走向	线状脊垄地貌，断层两侧地貌类型差异大。沿断层走向方向，断续存在一些脊垄
F9	26.35	北东–南西走向	直线状沟谷，断层三角面。在哲日根图地区，沟谷呈直线展布，沟谷南侧可见一系列直线状排列的断层三角面
F10	6.03	北东–南西走向	断层两侧地貌类型差异大。断层两侧岩石地层相同。断层北西侧图像光滑，地势平缓，具有北西–南东走向的条带状纹理。断层南东侧地形复杂，变化大，具有大量北东–南西走向的条块状山体，且山体具有明显的定性排列特征。两侧地貌类型截然不同，变化界线呈直线状展布
F11	22.48	北东–南西走向	线状脊垄地貌，断层两侧岩石地层相同。沿断层走向方向，断续存在一些脊垄
F12	12.65	北东–南西走向	线状脊垄地貌，断层两侧岩石地层相同。沿断层走向方向，断续存在一些脊垄
F13	7.53	近东西向	断层两侧地貌类型差异大。断层两侧岩石地层相同。断层北侧图像光滑，地势平缓。断层南侧图像粗糙，山体整体呈近东西向定向排列
F14	33.19	北东–南西走向	线状脊垄地貌，断层两侧地貌类型差异大。沿断层走向方向，断续存在一些脊垄。断层南西段，断层南东侧图像平滑，具有北东延伸的纹理，而断层北西侧图像粗糙，纹理北东向延伸。断层北东段，断层北西侧，纹理北东向延伸，而断层南东侧，具有近东西向条带状纹理
F15	11.23	近东西向	断层两侧地貌类型差异大。断层两侧岩石地层不同。断层北侧图像光滑，地势平缓。断层南侧图像粗糙，具有顺断层走向延伸的纹理，地势较陡峭
F16	7.51	北东–南西走向	直线状沟谷，沟谷横剖面呈"V"字形

5.1.3 塔木素预选区构造特征

5.1.3.1 基底特征

塔木素预选区扎木查干陶勒盖地段位于因格井拗陷的北东部。核工业航测遥感中心对塔木素地区进行了浅层地震测量工作，解译扎木查干陶勒盖地段下白垩统巴音戈壁组下段底板埋深在扎木查干陶勒盖南西部超过 1200m，东部最大埋深超过 900m，盆地北西部和南东部较浅，为一北东向展布的向斜。巴音戈壁组上段沉积中心略向南偏，最大埋深仍位于南西部，超过 700m，钻探揭露最大孔深约为 770m（未揭穿目的层泥岩）。北东部埋深较浅，最大埋深 450m。从钻探施工来看，浅层地震解译深度较实际偏浅。巴音戈壁组上段底板埋深受断裂控制更加明显。

5.1.3.2 构造特征

盆地内部断裂构造系统总体上沿袭了区域断裂与控盆断裂构造系统的特点，其构造线的走向可分为北东向、近东西向和北西向三组（图 5.6、图 5.7），近东西向构造形成时代早于北西向构造，这些断裂构造与区域断裂及控盆断裂的复合，不仅控制了盆地隆拗相间的构造格局，同时也控制了沉积相、沉积体系的类型和空间展布，并进一步控制了盆地的构造演化。区内地震解译可见 6 条断裂，其中北东向断裂有 4 条，东西向断裂有 2 条。

图 5.6 巴音戈壁盆地断裂构造遥感解译示意图

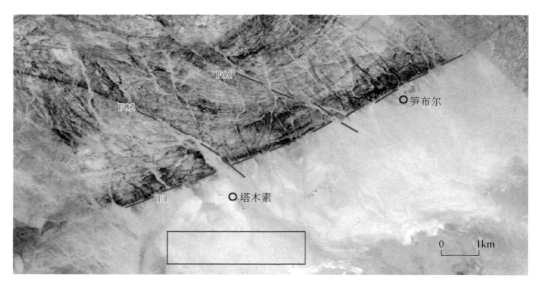

图 5.7　塔木素地段北西向与北东向断裂复合控制辫状河三角洲的展布

F1 为北东向盆缘断裂；F01、F02 为北西向断裂；图中蓝框范围为辫状河三角洲沉积分布区，
框外两侧为冲积扇和扇三角洲沉积分布区

5.1.3.3　主要断裂活动性特征

断裂活动性研究结果表明：F1 至 F7 断裂晚第四纪相对稳定，F8 断裂（巴丹吉林断裂）晚第四纪为活动断裂，但该断裂距预选区相对较远，产生影响较小，综合地震历史资料分析，塔木素预选区地壳处于较稳定状态（饶峥，2018；郭超，2019）。

5.1.4　塔木素预选区沉积相特征

以预选区目的层泥岩为重点研究对象，在分析沉积相体系的基础上，对湖盆演化特征及湖相泥岩的平面、空间展布特征进行分析研究，为塔木素预选区下一阶段的详细适宜性评价及推荐有利地段提供科学依据。

5.1.4.1　沉积相标志及特征

1）泥岩颜色

泥岩所呈现的原生颜色差异是指示沉积环境的重要指标之一（Bice，1988）。在氧化环境下，泥岩中的 Fe^{2+} 被氧化为 Fe^{3+}，而使得泥岩主要呈现红褐色、红棕色及黄色，反映沉积时期为陆上氧化环境；在还原环境下，泥岩中的 Fe^{3+} 被还原为 Fe^{2+}，且含有低价硫化物，有机质相对丰富，使得泥岩主要呈现灰白色、深灰色及黑灰色，表明沉积时为水体深度逐渐增加的浅湖至半深湖-深湖沉积环境；而在弱氧化-还原条件下，泥岩以灰绿色为主，指示水体较浅的三角洲沉积环境。预选区目的层泥岩呈现黑灰色（深灰色）-灰白色-灰绿色-红褐色（红色）特征（图 5.8），说明沉积环境由早到晚经历了由半深湖至深湖、三角洲前缘及浅湖的过程。

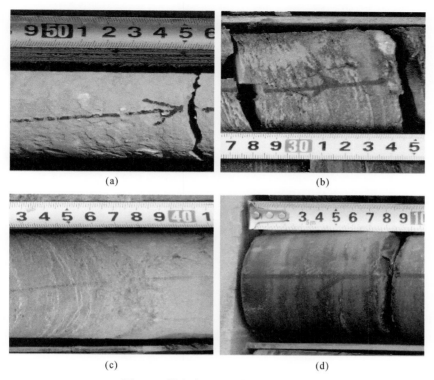

(a)　　　　　　　　　　　(b)

(c)　　　　　　　　　　　(d)

图 5.8　塔木素预选区典型泥岩颜色

（a）红褐色块状泥岩，TZK-1 井，36.8m，陆上氧化环境；（b）灰绿色泥岩，TZK-1 井，199.6m，弱氧化–还原环境；（c）灰白色块状泥岩，TZK-1 井，307.6m，还原环境；（d）深灰色泥岩块状泥岩，TZK-1 井，704.6m，还原环境

2）沉积岩构造特征

沉积岩构造特征是判断岩石形成时期水动力条件强弱的重要手段，是记录沉积环境特征的重要载体。分析沉积岩构造特征已成为正确划分沉积相的重要工具（刘宗堡等，2008；Pan et al.，2013）。依据预选区钻孔目的层岩心的精细编录，可以鉴别出三类构造，即层理构造、变形构造和生物成因构造。

层理构造：预选区目的层泥岩主要为块状层理，伴随水平层理，反映了水动力条件较弱且稳定的低能环境，主要发育于目的层第一和第三岩性段；交错层理及平行层理主要发育于第二岩性段，反映了水动力较强的分流河道或者席状砂微相 [图 5.9（a）（c）]。同时，在多个河道底部见冲刷面构造 [图 5.9（a）]，反映了高能水体对相对低能水体中沉积物的冲刷作用。

变形构造：在预选区目的层可见火焰构造，反映出三角洲平原的沉积环境特征。同时，由于原生层理的变形作用，也见包卷层理，反映了三角洲前缘分流间湾微相沉积特征 [图 5.9（b）]。

生物成因构造：预选区目的层深灰色泥岩中可见植物根系化石；同时在目的层建组剖面（巴隆乌拉山剖面）中也能发现植物根系化石 [图 5.9（d）（e）]。

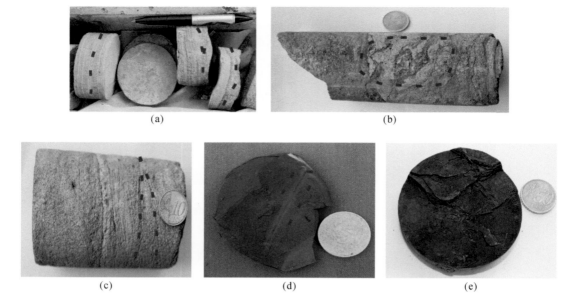

图 5.9　塔木素预选区典型沉积构造特征

（a）砖红色细砂岩发育平行层理，槽状交错层理及与粗砂岩的冲刷面，ZKH104-40 井；（b）灰色泥质粉砂岩发育包卷层理，ZKH104-40 井；（c）砖红色细–中砂岩发育槽状交错层理，ZKH104-40 井；（d）深灰色块状泥岩见植物遗迹（巴隆乌拉山）；（e）深灰色泥岩见动物遗迹，ZHK104-40 井

3）测井曲线特征

分析钻孔测井曲线特征［自然伽马曲线（GR）或自然电位曲线（SP）］是精确划分沉积微相的重要手段，不同的沉积微相在测井曲线特征上形态不同。基于钻孔岩性特征与测井曲线特征，建立适用于预选区沉积相分析的测井微相模式（胡明毅和刘仙晴，2009）（表5.2）。沉积相在不同测井曲线的形态和变化方面差异明显，曲线顶底渐变特征和光滑程度都可作为分析优势相的依据，是编制沉积相的重要手段（周远田，1992；胡俊等，2007）。

表 5.2　塔木素预选区沉积相（微相）特征与测井曲线特征对应关系

曲线形态	曲线模式			微相类型	特征描述
	曲线特征	岩性特征	岩性照片		
箱形				分流河道	曲线顶底呈突变，TZK-1 井，77.8m，底部有冲刷面和河道滞流沉积的灰白色含砾砂岩，向上发育交错层理，顶部有细粉砂岩
	曲线特征	岩性特征	岩性照片		
齿形				分流河道间	曲线对应岩性为灰白色泥质粉砂岩，TZK-1 井，155.5m，反映弱水动力条件，齿形反映动力频繁动荡，底部见波纹层理

曲线形态	曲线模式			微相类型	特征描述
钟形/箱形	曲线特征	岩性特征	岩性照片	水下分流河道	钟形呈现上部幅度较低，下部幅度较高，TZK-1井，411.2m，上部岩性较细，下部岩性较粗，底部呈突变，常见于分流河道、水下分流河道。岩性为灰白色细砂岩，见包卷层理
指形	曲线特征	岩性特征	岩性照片	席状砂	TZK-1井，304.6m，表现为泥岩与粉砂质泥岩互层特征
漏斗形	曲线特征	岩性特征	岩性照片	河口坝	TZK-1井，236.6m，岩性一般为薄层砂岩，上下岩性粒度较细
微齿形	曲线特征	岩性特征	岩性照片	浅湖	TZK-1井，500m，浅灰色块状泥岩
平滑形	曲线特征	岩性特征	岩性照片	半深湖–深湖	TZK-2井，749.2m，深灰色块状泥岩

再结合预选区野外露头、前人研究等资料，对预选区沉积体系进行系统划分，对各微相特征进行分析，具体划分方案见表5.3，对应野外及岩性照片见图5.10和图5.11。

表5.3 塔木素预选区目的层沉积相划分及对比

沉积相类型	亚相类型	微相类型
扇三角洲	扇三角洲平原	分支河道
		分流河道间
	扇三角洲前缘	水下分流河道
		水下分流河道间
		河口坝
		前缘席状砂
湖	浅湖	
	半深湖–深湖	

图 5.10　塔木素预选区扇三角洲平原典型露头

1-泥流沉积；2-片流沉积；3-砾质沉积

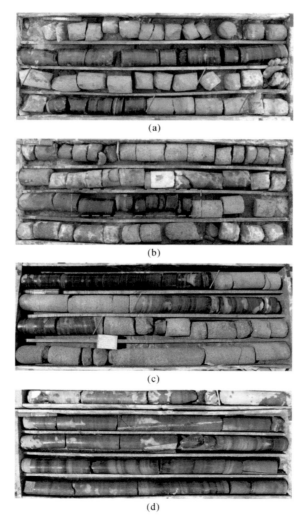

(a)

(b)

(c)

(d)

图 5.11　塔木素预选区沉积亚相（微相）典型识别图版

（a）扇三角洲平原亚相分流河道微相，褐黄色含砾砂岩与深灰色泥岩多期叠加，自下而上整体呈含砾砂岩—砂岩—泥岩的正粒序特征，泥砂过渡处冲刷面明显，ZKH32-16 井，354.58～361.30m；（b）扇三角洲前缘亚相河口坝微相，褐黄色至红色砂岩，含砂量高，常伴有薄层灰色泥岩夹层，ZKT32-16 井，506.70～511.40m；（c）扇三角洲前缘亚相水下分流河道间微相，褐黄色砂岩与深灰色泥岩互层，ZKH32-16 井，535.60～539.10m；（d）半深湖–深湖亚相，以深灰色块状泥岩为特征，见水平层理，泥岩固结好，较为完整，ZKH32-16 井，573.50～577.36m

5.1.4.2 单井及连井剖面分析

1）单井沉积相分析

在分析预选区目的层沉积相类型及特征的基础上，结合目的层已有层序地层框架，首先对已有钻孔展开单井沉积相分析，并选取 TZK-1 井具体展开。TZK-1 井为项目组施工钻井，是目前预选区揭露地层最深的钻孔（井深 801.10m），且位于预选区西南区域，对控制目的层湖盆西南盆缘具有重要作用。TZK-1 井揭露地层均为巴音戈壁组上段（目的层），自下而上目的层整体呈泥—砂—泥三岩性段特征，依次为半深湖-深湖亚相、扇三角洲前缘亚相、扇三角洲平原亚相（图 5.12），具体特征如下。

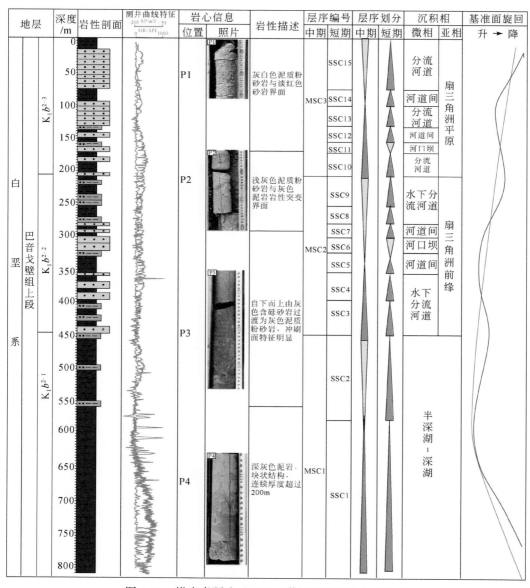

图 5.12 塔木素预选区 TZK-1 井沉积微相综合柱状图

MSC1[①] 时期，赋存深度在 450m 以下，为长期基准面旋回（LSC）上升期，属于湖盆扩张时期，可容纳空间（A）远大于沉积物供给量（S）（A/S>1），属于半深湖–深湖沉积环境。此时水体较深且深度稳定，在还原环境下发育厚层深灰色泥岩，以块状结构为主，偶见水平层理，也见生物遗迹。自然伽马曲线和自然电位曲线均呈现高幅齿形及指形特征。MSC2 时期，赋存深度介于 200～400m。随着河流作用增强，沉积物供给量增加，扇三角洲前缘发育，湖盆面积缩小，发育半深湖沉积环境，岩性以浅灰色粉砂岩及泥岩互层为主，为典型的扇三角洲前缘亚相，微相分异明显。垂向上自下而上呈现中/细砂岩—粉砂质泥岩—泥岩互层特征，以 A2 型短期旋回（SSC）为主，发育两期主河道，冲刷面特征明显，往上见交错层理，粒度整体变细，自然电位曲线和自然伽马曲线呈箱形特征；分流河道间发育于分流河道下方，以灰白色粉砂岩为主，水动力较弱，自然电位曲线呈齿形特征；河口坝规模较小，以分选较好的细砂岩为主，垂向上具反韵律特征，自然电位曲线以漏斗形为主。同时见以发育席状砂为特征的 B1 型短期旋回，自然电位曲线以指形为主。MSC3 时期，赋存深度约 200m，处于 LSC 下降末期，后期受到区域地壳抬升的影响，湖盆面积缩小，以 A1 型短期旋回为主，发育浅湖至扇三角洲平原亚相。垂向上自下而上可观察到多期河道砂体叠置，具有下粗上细的正韵律特征，自然电位曲线具箱形特征。岩性为以灰白色泥岩为主，偶见少量薄层灰白色细砂岩，自然电位曲线具齿形特征。

2）连井沉积相分析

在单井沉积相分析的基础上，结合已有岩心、测井资料和构造演化特征，依据层序地层框架，建立湖盆长轴方向目的层北东–南西方向沉积微相分析的连井剖面，对各沉积微相进行精细对比，为探究目的层湖盆演化提供支持。ZKH64-48 井、ZKH48-16 井、ZKH56-15 井、TZK-2 井、ZKH47-211 井和 TZK-1 井（共 6 口钻井）剖面在纵向上自下而上体现了目的层深湖—半深湖—扇三角洲—浅湖的相变特征，突显出目的层在该沉积时期沉积水体逐步变深而后逐渐变浅的完整退积（湖进）至进积（湖退）沉积过程（图 5.13）。具体特征如下。

MSC1 时期，为 LSC 上升期，属于目的层第一岩性段（K_1b^{2-1}）沉积时期，具有湖盆持续扩张，水体稳定分布的半深湖–深湖沉积环境，发育厚层深灰色块状泥岩，此时湖盆面积最大。在北东–南西方向约 500m 深度处出现最大湖泛面。此时，预选区范围内目的层有连续厚度约 300m 的深层（赋存深度为 500～800m）深灰色块状泥岩。MSC2 时期，受构造作用影响，河流作用增强，接受盆缘扇三角洲前缘沉积，多期水下分流河道入湖，湖盆面积缩小。垂向上自下而上呈现中/细砂岩—粉砂质泥岩—泥岩互层特征，以砂岩、粉砂质泥岩为主，块状泥岩沉积厚度由湖盆中心（TZK-2 井）向盆缘大幅度减小。同时也揭示了湖盆沉积物来自垂直于剖面的北西和南东两个方向。MSC3 时期，受到后期区域地壳抬升作用，湖盆范围继续由盆缘向湖中心缩小，发育浅湖至扇三角洲平原沉积。垂向上自下而上总体具有下粗上细的正韵律特征，可观察到多期河道砂体叠置。此时在湖盆中心（TZK-2 井）附近仍有连续厚度约 300m 的浅层（浅湖相）灰白色泥岩。

---

① MSC 为中期基准面旋回。

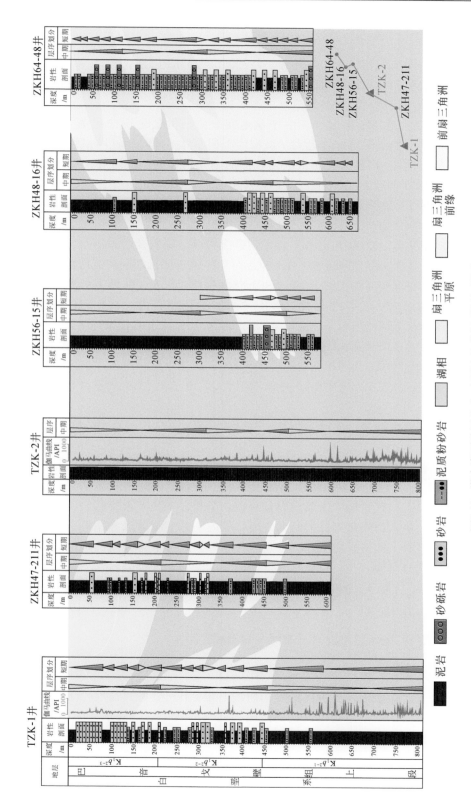

图5.13　塔木素预选区北东－南西向连井剖面沉积相图

5.1.4.3　沉积相平面展布特征

在预选区目的层沉积相标志、单井和连井剖面沉积相研究的基础上，结合预选区构造演化特征和钻孔资料，对预选区目的层不同沉积旋回时期的沉积微相平面展布特征进行对比，进而分析湖盆演化规律，为圈定重点工作区提供科学依据。

由图 5.14 可见，在 MSC1 时期，由于盆地在早白垩世处于拉分盆地全面发展阶段，预选区所处的因格井拗陷沉降速度远大于沉积物沉积速度，此时湖盆厚层泥岩沉积面积最大，且湖盆长轴呈北东-南西向展布，区内较深的钻孔均钻遇该泥岩层，泥岩外围边界的控制主要依靠 TZK-1 井、HZK5-1 井、ZKH47-16 井、ZKH47-211 井、TZK-2 井、ZKH48-16 井及 ZKH80-48 井等的岩心编录及测井资料。此时扇三角洲沉积范围较小，仅在盆缘靠近物源区的北西、南东方向沉积，沉积物受河流作用明显，呈狭窄的长条形展布于湖盆边缘，且北西方向的钻孔（ZHK64-48 井）揭示河道沉积以砂砾岩及砂岩为主，表明沉积物具有快速堆积特征，推测为湖盆陡坡带。在 MSC2 时期，预选区目的层河流作用明显增强，发育扇三角洲相和湖相沉积（图 5.15）。同 MSC1 时期相比，北东、北西方向湖相泥岩范围缩小，向 TZK-2 井收缩，仅在 HZK5-1 井、HZK8-2 井、ZKH48-16 井、ZKH111-111 井发育湖相泥岩。而扇三角洲相沉积作用明显，沉积范围向湖盆扩大，狭窄的长条形增宽，前缘亚相发育水下分流河道、河口坝及席状砂等微相。MSC3 时期，受早白垩世晚期盆地差异抬升作用，预选区目的层同样发育扇三角洲相和湖相（图 5.16）。湖相以浅湖为主，湖盆面积继续缩小，控制钻孔为 ZKH111-111 井、ZKH16-15 井和 ZKH56-15 井，扇三角洲前缘面积增大。

5.1.5　塔木素预选区盆地演化

收集整理已有研究资料，巴音戈壁盆地古陆壳结晶基底自太古宙末到古元古代末逐渐形成，在中-新元古代为陆壳裂陷时期，晋宁运动后逐渐形成盆地变质基底；早古生代为板块构造阶段，早泥盆纪盆地进入陆内裂谷时期；至晚古生代末板块完全拼合。进入中新生代以来，巴音戈壁盆地演化可分为两大阶段：板内构造变形阶段和抬升、沉降阶段。依据盆地沉积盖层组合、构造应力状态、岩浆岩分布等，进一步将盆地的构造演化划分为四个阶段：裂陷、拉分盆地阶段，拉分盆地全面发展阶段，全面拗陷阶段，抬升、沉降阶段（张代生，2002；陈启林等，2006；卫平升等，2006；陈会军等，2009；吴仁贵等，2010；卢进才等，2011；黄航，2013；张成勇等，2015；韩伟，2017；郭超，2019）。

5.1.5.1　板内构造变形阶段（三叠纪—白垩纪）

1）裂陷、拉分盆地阶段（三叠纪—侏罗纪）

从三叠纪开始，盆地进入板内构造变形阶段。早-中三叠世，盆地处于造山期隆升环境，在晚三叠世进入造山期地壳拉伸松弛阶段，同时形成一组以北东向为主的张性断裂。从侏罗纪早期开始，在东太平洋板块向北西向俯冲与西伯利亚板块南移共同作用下，盆地表现为区域性张扭应力状态，并发育一系列北东向和北东东向断裂。受阿尔金左行走滑断裂及其分支断裂的影响，在北部盆地形成一系列拉分性质明显的盆地群；而在南部盆地形成

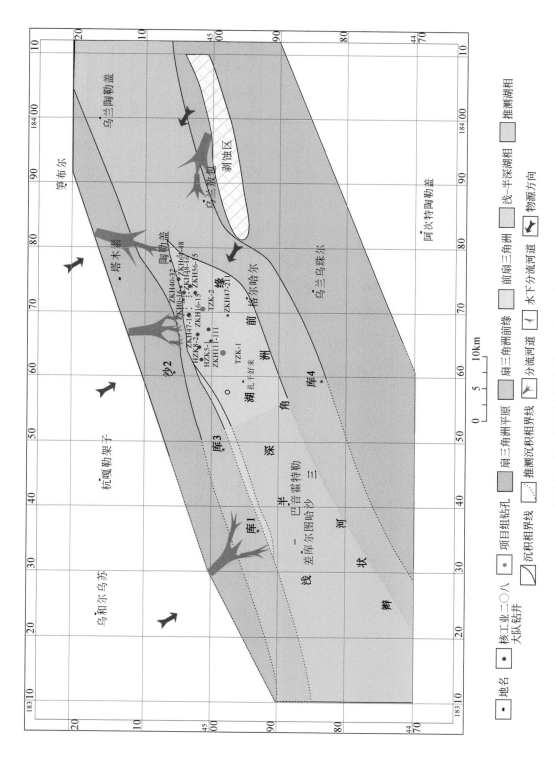

图5.14　塔木素预选区目的层MSC1期沉积相平面图

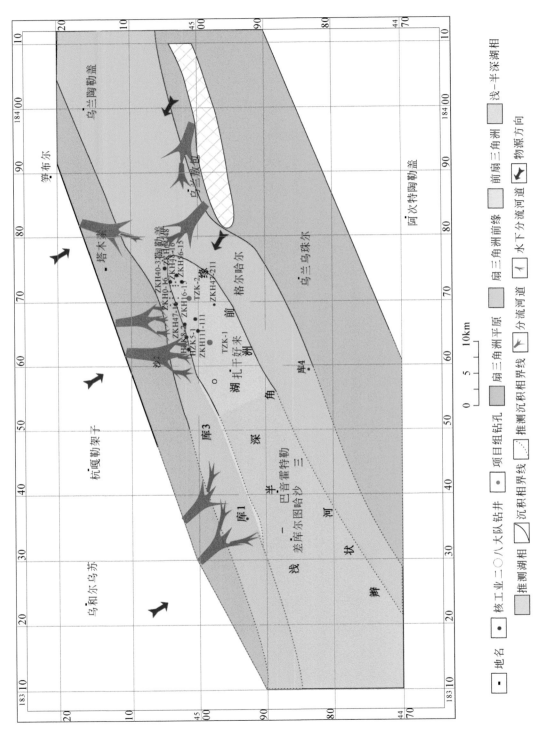

图5.15 塔木素预选区目的层MSC2期沉积相平面图

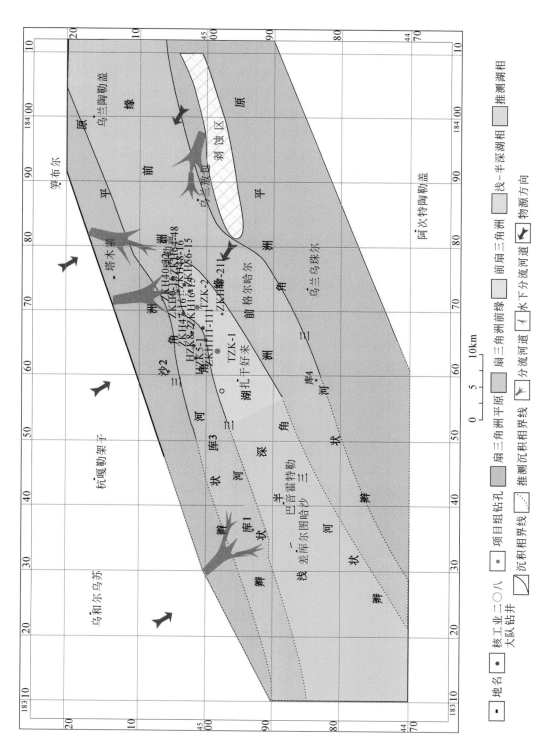

图5.16 塔木素预选区目的层MSC3期沉积相平面图

了拉分性质不明显的走滑、张扭性盆地群。至中侏罗世末，活动较强的断裂下降盘接受侏罗系沉积。在侏罗纪末期断裂性质发生反转，逆断层发育。断裂性质的反转使得盆地由南向北俯冲并且剥蚀侏罗系，造成盆地大部分地区缺失上侏罗统，也使中、下侏罗统遭受剥蚀。

2）拉分盆地全面发展阶段（早白垩世）

早白垩世盆地区域应力场由挤压应力状态逐渐转化为张扭应力状态。随着阿尔金断裂及其分支断裂的继续走滑，盆地进入拉分盆地全面发展阶段。北部盆地拉分性质明显，致使苏红图拗陷等众多小断陷扩展相连。南部盆地则以走滑、张扭性质为主，拉分性质不明显。拗陷走向与阿尔金断裂带及其分支断裂近似平行，断陷在填平后发生明显合并（包括其间的凸起）而接受早白垩世沉积。到早白垩世晚期，盆地内部发生差异抬升，下白垩统遭到不同程度的剥蚀。

3）全面拗陷阶段（晚白垩世）

随着早白垩世末期岩浆大量喷溢，地下能量大量释放，盆内裂陷作用终止。盆地区域性的补偿作用使其在更大范围内形成拗陷，进入平稳的整体拗陷沉降时期。在盆地北部，靠近阿尔金断裂带的苏红图拗陷接受了晚白垩世沉积。在盆地南部，晚白垩世均衡沉降过程中，沉积底板极为平缓，且因其下沉幅度小而接受的晚白垩世沉积物厚度较薄。

5.1.5.2　抬升、沉降阶段（古近纪—第四纪）

在印度板块和欧亚板块碰撞影响下，盆地构造应力场由拉张变为挤压应力状态，使盆地在该期为挤压抬升的构造背景。塔木素预选区所在区域整体缺失新近系沉积，而第四系沉积广布于盆地各拗陷，为风成沙、冲积和洪积砂砾层。

综上分析，中新生代以来巴音戈壁盆地演化特征如下：裂陷、拉分盆地阶段（三叠纪到侏罗纪）—拉分盆地全面发展阶段（早白垩世）—全面拗陷阶段（晚白垩世）—抬升、沉降阶段（古近纪—第四纪）。一级断裂构造（阿尔金断裂带）控制着盆地演化进程中隆拗相间的整体构造格局。盆地北部各拗陷拉分性质明显；盆地南部各拗陷拉分性质不明显，拗陷走向与阿尔金断裂带及其分支断裂近似平行，走滑、张扭性质明显。在早白垩世盆地进入拉分盆地全面发展阶段时，塔木素预选区广泛接受下白垩统沉积，包括巴音戈壁组下段沉积和巴音戈壁组上段等碎屑岩沉积。在早白垩世晚期，塔木素预选区发生构造反转，使得部分巴音戈壁组上段直接抬升、出露地表。而新构造运动以来，塔木素预选区地表又广泛被第四系风成沙、砾覆盖，形成现今面貌。

前述对塔木素预选区目的层沉积相的研究，是为了探究目的层湖盆演化特征，从而为塔木素预选区具备赋存厚层状黏土岩（泥岩）的成岩条件提供依据。结合预选区盆地演化特征，中新生代巴音戈壁盆地构造演化分为板内构造变形阶段和抬升、沉降阶段。而在早白垩世早期，由于强烈的火山喷发，使地壳深部的能量大量释放，在重力均衡调整和地壳深部热能不均衡的影响下，盆地进入张扭、拉分为主的深陷阶段。在继承或发展阿尔金断裂及其分支断裂的走滑背景下，巴音戈壁盆地进入拉分盆地全面发展阶段，且盆地北部和南部差异明显。北部盆地拉分性质背景下，众多小断陷（如苏红图拗陷）扩展相连成片。而盆地南部则以走滑、张扭性质为主，拉分性质不明显，在此背景上产生早白垩世拗陷，如因格井拗陷（预选区所在的拗陷）、查干拗陷等。纵观预选区目的层演化历程，受燕山Ⅲ幕构造运动区域应力场逐渐转化为张扭应力状态的影响，巴音戈壁盆地进入全面拉分盆地发展阶段，目的层总体上受到地壳张裂、裂陷及差异性升降运动控制。在充分分析预选区目的层单井层序、单井沉积相特征，并对比分析层序及沉积相剖面的基础上，认为预选区目的层 MSC1 时期为湖盆拉分裂陷后至趋于稳定发展时期，MSC2 及 MSC3 时期为湖盆抬升缩小时期，具体特征如下。

拉分裂陷时期：早白垩世巴音戈壁盆地火山活动爆发，构造运动强烈，盆地进入整体拉分裂陷环境，沉积物受断裂活动控制，供应量大，同时也是湖盆沉积充填过程的开始。由于受预选区内钻孔揭露深度限制，暂时未能揭穿目的层泥岩底界，而通过对目的层层序及沉积相的分析，可以推测在 MSC1 早期，湖盆就已在拉分裂陷背景下形成，目的层此时应处于深湖沉积环境，在此沉积期内揭露到的钻孔目的层泥岩具有上升半旋回（SSC1）大于下降半旋回（SSC2）特征，表明湖盆范围在旋回转换界面达到最大，以深灰色连续块状泥岩为主，动植物碎屑常见，可能为最大湖泛面。

稳定发展时期：根据对预选区内钻孔揭露以及对目的层岩心样品的观察和研究，目的层以连续厚层块状深灰色富含有机质、动植物化石泥岩为主要特征，此时湖水进一步增多，湖面扩大，可容纳空间远大于沉积物供给量，直至 SSC2 初期，湖盆范围达到最大，沉积物向湖岸退积，从而形成扇三角洲-半深湖、深湖沉积组合。且扇三角洲主要发育于盆缘，规模较小，向盆地沉降中心过渡为半深湖、深湖沉积体系。湖盆长轴为北东-南西向，沉积相带分异明显。在此背景下，MSC2 时期包含了短期湖侵和湖退的湖盆完整演化序列。其中，SSC3 和 SSC4 记录了短期基准面上升半旋回，分流河道特征明显，沉积物粒度自下而上大体具有正旋回特征，为湖侵序列。SSC5～SSC9 记录了 MSC2 时期湖退序列，主要特征是发育多期河道及河口坝微相。在 MSC3 时期，以短期对称半旋回为主，也表现出短期湖侵和湖退的完整序列，SSC10～SSC13 记录了短期的湖侵序列，而 SSC14～SSC15 记录的多期河道则反映了沉积物快速供给环境下的湖退序列。盆缘钻孔仅可见短期上升半旋回。

抬升缩小时期：在 MSC3 晚期，即早白垩世晚期，由于构造反转，预选区目的层逐渐发生抬升，河流作用增强，扇三角洲沉积体系扩大，湖面下降，使得湖盆范围缩小。沿湖盆长轴方向扇三角洲沉积体系呈现对称展布特征，沉积相带差异进一步加剧。

综合盆地构造演化特征和预选区目的层湖盆演化特征可以发现，湖盆长轴方向为北东-南西向，在盆缘扇三角洲相呈对称性分布，相带差异明显。在 MSC1 时期湖盆扩大到 MSC2 和 MSC3 时期湖盆缩小的退积-进积过程中，扇三角洲相及相应的亚相分布范围在盆缘不断扩大，受北西、南东向沉积物差异影响，在湖盆北西向沉积物具有快速沉积特征，显示出为湖盆陡坡特征，而南东向则显示出缓坡特征，具有典型的箕状盆地特征。由构造演化可知，巴音戈壁盆地是在晚海西期褶皱带基础上发育起来的内陆断陷湖相盆地，从侏罗纪早中期开始，盆地北部处于压扭应力状态，使下伏地层挤压抬升，在该期断裂构造运动下，形成了北东向湖盆。早白垩世拉分盆地全面发展，大量的正断层在盆缘发育，预选区所在的因格井拗陷具有双断地堑式湖盆特征（岳伏生等，2002；刘春燕等，2006；张成勇等，2015）。而在晚白垩世全面拗陷期间，可以认为预选区湖盆属于断拗转化型箕状盆地（图 5.17），具体而言，盆地演化经历了断陷-拗陷后，在拉分时发生沉积，随后在

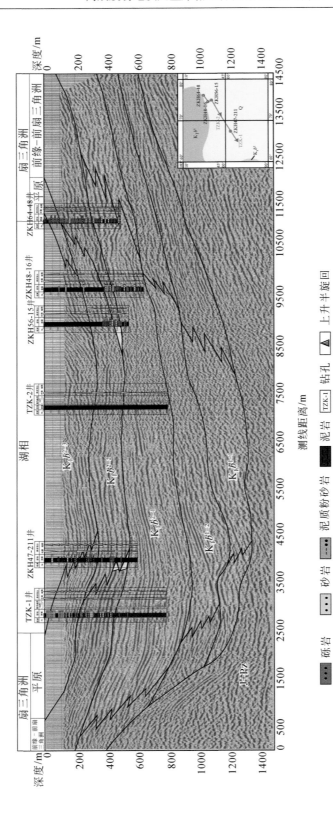

图5.17 塔木素预选区湖盆特征

沉积期后发生差异抬升和不均衡剥蚀作用。其裂陷阶段严格受基底走滑断裂控制，具明显的走滑拉分盆地性质，并控制着沉积相带的差异及展布范围。

5.2 塔木素预选区目的层特性

5.2.1 目的层砂岩特征

5.2.1.1 砂岩物质组分特征

目的层砂岩主要发育在第二岩性段（K_1b^{2-2}），并不是预选区重点研究对象。从预选区 ZKH60-32 井、ZKH23-0 井、ZKH23-32 井、ZKH7-8 井、ZKH7-7 井、ZKH36-12 井、ZKH52-12 井、ZKH60-16 井和 ZKH72-7 井共计采集目的层砂岩 67 件，将所取砂岩样品制作薄片 67 件，并进行镜下观察及统计分析。表明碎屑物及胶结物为目的层砂岩主要组分，目的层不同岩性段砂岩碎屑物及填隙物统计见表 5.4。目的层砂岩主要呈颗粒支撑特征（约占 88.23%），其余见少量杂基支撑（约占 11.77%）（图 5.18）。

表 5.4　塔木素预选区目的层砂岩主要组分统计表

层位	碎屑物/%		填隙物/%		样品数/件
	变化范围	平均含量	变化范围	平均含量	
K_1b^2	68~95	87.2	3~16	12.8	67

(a) (b)

图 5.18　塔木素预选区目的层砂岩支撑类型

（a）颗粒支撑中-粗粒长石砂岩（ZKH23-32 井，392m）；（b）杂基支撑长石砂岩，见黏土杂基（ZKH23-32 井，407m）

1）砂岩类型

对 67 件砂岩样品岩矿分析表明，目的层主要有三种砂岩类型，即长石砂岩（约占89.5%）、岩屑长石砂岩（约占4.5%）、其他类型砂岩（约占6%）（图 5.19、表 5.5）。

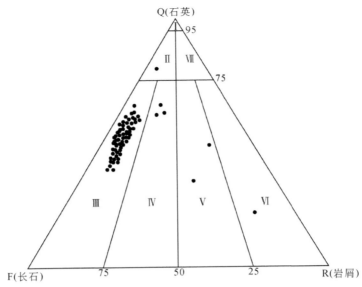

图 5.19　塔木素预选区目的层砂岩 QFR 三角图

I-石英砂岩；Ⅱ-长石石英砂岩；Ⅲ-长石砂岩；Ⅳ-岩屑长石砂岩；Ⅴ-长石岩屑砂岩；Ⅵ-岩屑砂岩；Ⅶ-岩屑石英砂岩

表 5.5　塔木素预选区目的层砂岩主要类型

砂岩类型	长石砂岩	岩屑长石砂岩	长石石英砂岩	长石岩屑砂岩	岩屑砂岩
样品数/件	60	3	1	2	1

2）砂岩碎屑成分

砂岩碎屑成分以石英、长石为主，岩屑（主要为花岗岩屑，少量火山岩岩屑和变质岩岩屑）次之。具体而言，石英是碎屑的主要组成部分，石英以单晶型为主，也有明显多晶石英，镜下具波状消光特征，石英颗粒磨圆度差，多呈棱角-次棱角状［图 5.20（a）］。碎屑物中长石含量仅次于石英，以斜长石为主［图 5.20（b）］，条纹长石次之。镜下观察部分样品硅质胶结明显［图 5.20（c）］。岩屑主要为花岗岩屑［图 5.20（d）］，由石英、长石组成，与预选区北西向、南东向物源区分布的花岗岩体相吻合。

(a)

(b)

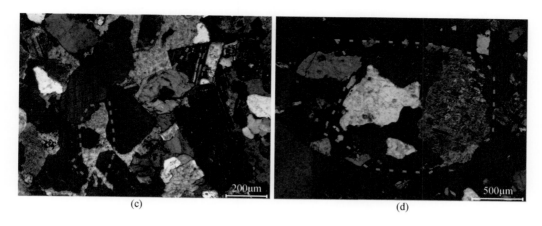

图 5.20　塔木素预选区目的层砂岩碎屑镜下特征

（a）多晶石英，波状消光，钾长石发生绢云母化和黏土化（ZKH7-8 井，373m）；（b）多晶石英，波状消光，斜长石聚片双晶轻微绢云母化和黏土化（ZKH7-8 井，408m）；（c）硅质胶结（红色线框）（ZKH36-12 井，445m）；（d）花岗岩屑，见长石、石英（红色线框内）（ZKH36-12 井，328m）。以上图片均为正交偏光；Qt-石英；Kfs-钾长石；Pl-斜长石

3）砂岩重矿物组合特征

重矿物是指比重大于 2.86 的矿物，在碎屑岩中含量一般小于 1%。母岩特性、水动力条件及搬运距离等是决定重矿物总体特征的主要因素。选取预选区 ZKH60-32 井、ZKH23-0 井和 ZKH23-32 井目的层 17 件砂岩样品，主要采自第二岩性段，所有鉴定在河北省廊坊市尚艺岩矿检测技术服务有限公司完成。鉴定依据为《地质矿产实验室测试质量管理规范》（DZ/T 0130—2006）岩石矿物鉴定；鉴定仪器为双目显微镜、高频介电矿物分选仪、带式矿物电磁分选仪。共计鉴定出 15 种重矿物：锆石（含量范围 1.7%~61.8%，平均值 18.7%）、磷灰石（含量范围 0.1%~10%，平均值 2.1%）、锐钛矿（含量范围 0.1%~7.6%，平均值 1.8%）、金红石（含量范围 0.1%~5%，平均值 1.2%）、白钛石（含量范围 0.1%~1%，平均值 0.3%）、楣石（含量范围 0.1%~11%，平均值 2.5%）、黄铁矿（含量范围 0.1%~82%，平均值 24.6%）、重晶石（含量范围 0.4%~62%，平均值 19.6%）、独居石（含量范围 0.7%~2%，平均值 1.4%）、石榴石（含量范围 0.1%~0.7%，平均值 0.34%）、辉石（极微量）、角闪石（极微量）、绿帘石（含量范围 0.1%~0.4%，平均值 0.35%）、赤褐铁矿（含量范围 0.5%~94.3%，平均值 45.4%）和磁铁矿（含量范围 0.6%~51%，平均值 22%），以及其他（含量范围 1.6%~8%，平均值 5.1%）。其中以稳定重矿物组合为主，包括锆石、金红石、白钛石、锐钛矿和磁铁矿；典型的锆石［图 5.21（a）］具有分选性好、磨圆度低、搬运痕迹不显的特征，反映出短距离搬运、快速堆积特征，符合该岩性段沉积期沉积物供给量增加，水体变浅，湖盆面积缩小的沉积环境。不稳定重矿物组合含量较少，主要为角闪石和绿帘石［图 5.21（b）］。值得注意的是沉积指相型重矿物赤褐铁矿含量较多，凸显了水体偏浅的富氧环境。

4）砂岩的填隙物成分

砂岩填隙物包括杂基和胶结物两部分，杂基见于少数杂基支撑类型的岩石样品中，见

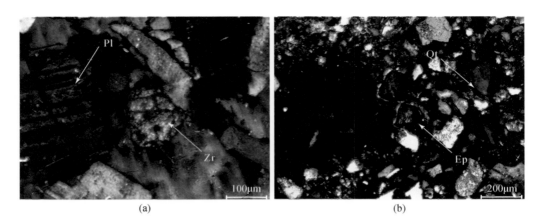

(a)　　　　　　　　　　　　　　　　　　(b)

图 5.21　塔木素预选区目的层砂岩中典型重矿物镜下特征

（a）锆石，断柱状，可见裂纹，见溶蚀痕迹（ZKH52-12 井，445m）；（b）绿帘石，
次棱角粒状（ZKH52-12 井，505m）。图片均为正交偏光；Zr-锆石；Ep-绿帘石

少量黏土杂基（伊利石为主）；胶结物类型多样，多见碳酸盐胶结，以方解石和白云石为主，也见铁质和硅质胶结。

5.2.1.2　砂岩结构特征

1）粒度特征

对 67 件预选区目的层砂岩薄片粒度统计，发现砂岩粒径范围为 0.04~1.50mm，其中以中粗粒–粗粒砂岩为主（约占 75%），不等粒砂岩次之（约占 15%），中粒和细粒砂岩约占 10%（表 5.6）；由此得出预选区目的层砂岩以中粗粒、粗粒为主。

表 5.6　塔木素预选区目的层砂岩粒度统计表

粒度级别	不等粒	中粗粒–粗粒	中粒–中细粒	细粒	总计
样品数/件	10	50	5	2	67

2）碎屑物形态

同时对 67 件预选区目的层砂岩样品进行镜下颗粒形态统计（表 5.7），目的层砂岩以次棱角状为主（约占 66%），其次为棱角状（约占 19%），砂岩整体磨圆度一般。

表 5.7　塔木素预选区目的层砂岩颗粒形态统计表

颗粒形态	棱角状	次棱角状	次圆状	圆状	总计
样品数/件	13	44	6	4	67

3）胶结类型

预选区目的层砂岩以颗粒支撑为主，主要为孔隙式胶结，其次为基底式胶结，较少的为接触式胶结。

由上述分析可知，塔木素预选区目的层砂岩具有成分成熟度、结构成熟度均低的特点，显示出碎屑物搬运距离短，指示目的层为一套近源的在快速沉积作用下沉积的碎屑建造。

5.2.2 目的层泥岩特征

层序及沉积相分析表明，目的层泥岩在预选区分布范围较广，存在两套连续厚层泥岩，主要发育于目的层第一岩性段（K_1b^{2-1}）和第三岩性段（K_1b^{2-3}），是高放废物地质处置库黏土岩预选区重点研究对象，目的层泥岩的岩石学特征如下。

5.2.2.1 泥岩岩石学特征

1）泥岩宏观结构特征

通过项目组施工的 TZK-1 井和 TZK-2 井的岩心编录工作，表明预选区目的层泥岩的第一岩性段泥岩均以深灰色、黑灰色为主，有机质含量高；第三岩性段泥岩均以灰白色、浅灰色为主。泥岩岩心样品均一性好，连续性好，固结程度高，断面具有贝壳状断口。两个钻孔目的层泥岩分别取样 123 件（TZK-1 井）和 117 件（TZK-2 井），并制作了薄片进一步统计泥岩结构特征（表 5.8）。TZK-1 井泥质结构样品约占 59%，而 TZK-2 井泥质结构样品高达82%。同时，也能观察到含粉砂（砂）泥质结构和粉砂（砂）质泥质结构样品。

表 5.8 塔木素预选区目的层泥岩结构类型统计表 [改自朱筱敏（2010）]

结构类型	泥质及粉砂（砂）含量/%		样品数/件	
	泥质含量	粉砂质（砂）含量	TZK-1 井（123 件）	TZK-2 井（117 件）
泥质结构	>80	<20	73	96
含粉砂（砂）泥质结构	60~80	20~40	36	9
粉砂（砂）质泥质结构	50~60	40~50	14	12

2）构造特征

野外现场钻孔岩心编录时观察到两个钻孔泥岩以块状为主，同时见网脉状、"雪花状"、纹层状及同生变形构造，并在纵向上自下而上分布规律明显，钻孔下部泥岩主要为网脉状，也见黄铁矿充填的溶蚀孔，中下部泥岩主要为"雪花状"，中部主要为均质性较好的块状，中上部主要为纹层状，而在上部发育高角度或者水平石膏层。以全孔取心的 TZK-2 井为例，结合样品的薄片镜下典型特征，对泥岩构造特征进行分析（图 5.22）。

网脉状构造主要发育于 730~800m 井段的岩心中，表现为白色不规则厚层条带被白色细脉连接，呈现宽窄不定的交织网状特征。条带宽度多介于 1~6mm［图 5.22（a）］。白色条带或细脉主要由白云石、方沸石和方解石粉-细晶集合体与暗色泥质物混合而成［图 5.22（b）］。

"雪花状"构造主要发育于 550~730m 井段的岩心中。对岩心标本观察可见"雪花状"散布于深灰色泥岩中［图 5. 22（c）］，局部发育水平层理及小型变形层理。"雪花状"构造通过单偏光镜鉴定为粗晶白云石，粒径一般介于 0. 5～1mm，具有典型的菱面体特征，与暗色泥质物共同呈现团块结构［图 5. 22（d）］。

块状构造主要发育于 260～550m 井段的岩心中。块状构造是预选区目的层主要的构造类型。主要为灰色、深灰色泥岩，均一性好，固结程度高［图 5. 22（e）］。

纹层状构造主要发育在 31～260m 井段的岩心中。纹层状构造是热水沉积岩常见的沉积构造，白色纹层由若干微米级至毫米级厚度的矿物组成［图 5. 22（f）］。染色薄片（茜素红-S 与铁氰化钾配比溶液染色）单偏光下铁白云石呈现深蓝色；粗晶白云石呈现米白色（未变色）；方沸石负低突起，以灰白色为主，三者呈现团聚特征。亦见薄层有机质或黄铁矿组合条带与暗色泥质物薄层的混合纹层构造［图 5. 22（g）］。纹层厚薄不一，纹层厚度增加至毫米级甚至厘米级称为条带状构造。纹层或者条带特征呈现软变形和不规则揉皱的层理构造时，则为同生变形构造，变形幅度一般可达厘米级。

图 5. 22　塔木素预选区目的层泥岩典型构造

（a）网脉状构造，标记处白色网状由方沸石及白云石组成，TZK-2 井，765m；（b）暗色泥质物与粉-细晶白云石、方沸石混合均匀分布，单偏光；（c）"雪花状"构造，标记处白色"斑状"颗粒为粉-细晶、粗晶白云石，TZK-1 井，595m；（d）菱形粗晶白云石与粉-细晶白云石呈团块分布于暗色泥质物中，单偏光；（e）深灰色块状泥岩，TZK-2 井，575m；（f）深灰色泥岩背景下发育白色与灰白色纹层；（g）为（f）中标记处放大图，纹层主要由白云石、铁白云石、方沸石组成，TZK-2 井，136m，染色薄片，单偏光。D1-粉-细晶白云石；D2-粗晶白云石；Ana-方沸石；Ank-铁白云石

5.2.2.2　泥岩矿物组分特征

泥岩矿物组分特征既是基础性研究课题，也是极其重要的研究内容，尤其是作为高放废物地质处置库围岩的泥岩矿物组分，既关系到地质处置库的建造工程条件，也关系到围岩对放射性核素的阻滞性能。为此，采用现代分析方法，精确估算目的层泥岩矿物组分是后续开展地质处置库黏土岩适宜性评价的重要内容。以 TZK-2 井目的层泥岩岩心为例，对预选区目的层泥岩矿物组分进行系统分析。

1) 泥岩全岩矿物组分特征

以 TZK-2 井目的层泥岩岩性为例，从 377.72m 至 800.60m 每隔 3m 采集一件样品（共计采集 116 件），现场采集的样品均用真空包装保存，用于目的层泥岩矿物组分测试。具体测试方法为：将全岩样品粉碎至 200 目以下，直接用全岩粉末进行，测试仪器为德国布鲁尔 D8 ADVANCE 多晶射线衍射仪（XRD），测试峰值记录 2θ 为 5° ~70°，并使用 Bruker-Diffrac EVA 软件进行半定量组分估算。典型样品图谱解译见图 5.23。

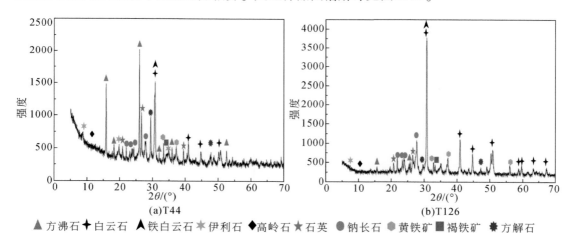

图 5.23　塔木素预选区目的层泥岩全岩 XRD 衍射图谱

目的层泥岩全岩 XRD 半定量分析结果表明，泥岩矿物组分以碳酸盐矿物（主要是白云石和铁白云石）、方沸石和钠长石为主，黏土矿物含量较低。由全岩矿物组分可以发现，主要矿物组分质量分数垂向上呈现明显的三段式变化特征（图 5.24）：在 381.82 ~528.77m（图 5.24，E–F 线以上），主要由方沸石、碳酸盐矿物和钠长石组成，且该段方沸石质量分数最高，变化范围为 12%~43%，平均质量分数约 28%；在 528.77 ~723.79m（图 5.24，E–F 线和 M–N 线之间），主要由碳酸盐矿物、方沸石和钠长石组成，碳酸盐矿物质量分数最高，变化范围为 27%~60%，平均质量分数约 46%；在 723.79 ~800.06m（图 5.24，M–N 线以下），主要由碳酸盐矿物和钠长石组成，显示出相对更低的方沸石质量分数，变化范围为 1%~6%，平均质量分数约 2%。同时还观察到少量黏土矿物，质量分数不足 10%，较为稳定，变化趋势不明显，以伊利石为主。

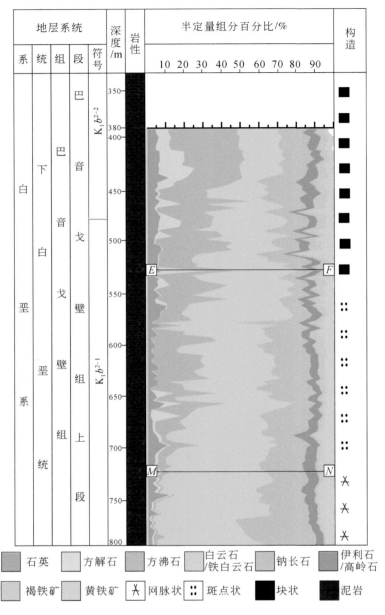

图 5.24　塔木素预选区 TZK-2 井目的层泥岩全岩矿物组分变化

2）泥岩中黏土矿物组分特征

在传统全岩粉末样品测试的基础上，选取 TZK-2 井 50～745m 深度范围内 16 件泥岩样品在提取黏土矿物后（小于 2μm）制作定向薄片，用于分析泥岩黏土矿物组分特征。其中定向薄片中矿物的 XRD 分析测试在气干（Air dried）、乙二醇溶剂（Ethylene glycol solvated）和加热至 495°（Heating）三种条件下进行，以保证黏土矿物组分分析的准确性，测试仪器为德国布鲁尔 D2 ADVANCE 多晶射线衍射仪（XRD），测试峰值记录 2θ 为 2°～

35°。通过对比，选取乙二醇溶剂条件下黏土矿物 XRD 谱图进行解译（图 5.25），作为最终黏土矿物组分估算谱图，具体方法见 Thierry（1985）和 Reynolds（1989）的文献。泥岩提取黏土矿物后的定向薄片分析表明，黏土矿物主要为伊利石（变化范围为 8%～96%，平均质量分数为 58.6%）和蒙脱石（变化范围为 2%～92%，平均质量分数为 32%），含有少量绿泥石，仅在 T1 样品中出现了少量高岭石，具体见表 5.9 和图 5.26。

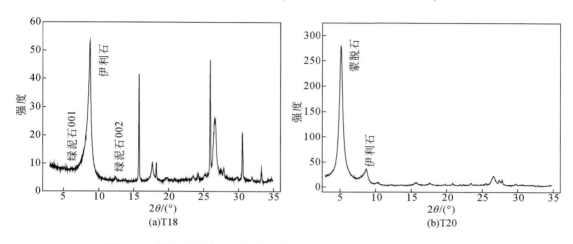

图 5.25　塔木素预选区目的层泥岩黏土矿物 XRD 谱图（乙二醇溶剂）

表 5.9　塔木素预选区目的层泥岩黏土矿物质量分数统计（%）

样品编号	深度/m	蒙脱石	伊利石	绿泥石	高岭石
T1	50	22	63	7	8
T2	69	32	44	24	
T4	109	42	51	7	
T5	128	14	71	15	
T6	151	24	66	10	
T7	171	11	82	7	
T8	191	7	87	6	
T9	211	34	58	8	
T10	231	2	75	23	
T13	270	77	21	2	
T14	291	16	66	18	
T15	300	25	57	18	
T16	402	47	42	11	
T18	515		96	4	
T21	685	39	61		
T20	745	92	8		

注：空白表示未检测到。

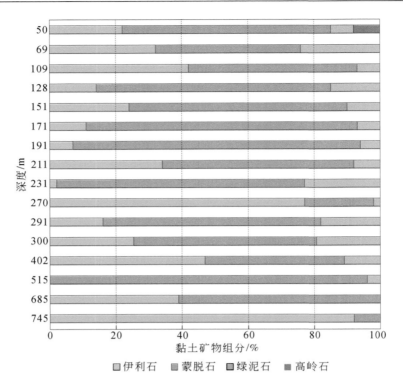

图 5.26　塔木素预选区目的层泥岩黏土矿物组分构成

5.2.2.3　泥岩典型矿物微观形貌特征

目的层泥岩矿物组分分析表明以碳酸盐矿物（主要为白云石、铁白云石）、方沸石、钠长石为主，黏土矿物较少（主要为伊利石和蒙脱石）。其他还含有少量方解石、石膏、赤铁矿和黄铁矿。借助扫描电镜等对泥岩中白云石、方沸石、黄铁矿等典型矿物的特征进行分析，为揭示目的层泥岩成因提供思路。

1）白云石

根据晶体大小、形态，目的层泥岩中发育三种白云石类型，分别为泥微晶白云石、粉-细晶白云石和粗晶白云石。泥微晶白云石常与方解石微晶、泥级长石及少量的黏土矿物呈条带状互层出现，层厚 0.2～0.5mm ［图 5.27（a）］，在单偏光显微镜下难以识别其形态。扫描电镜观察到泥微晶白云石形态单一，主要呈立方体状，自形程度高，晶体大小均一，整体洁净，粒径在 5～10μm ［图 5.27（c），能谱确认图 5.27（d）］。粉-细晶白云石在单偏光显微镜下与方沸石均匀分布于暗色泥质物中 ［图 5.27（b）］，与泥微晶白云石相比，粉-细晶白云石晶体自形程度略低，为半自形-自形，晶粒介于 50～500μm。粗晶白云石呈菱形晶粒状产出，晶内发育裂纹，晶粒可达 0.5～1mm，呈现团块结构特征 ［图 5.27（e）］，团块间充填黏土矿物及暗色泥质物。

2）方沸石

方沸石是八类沸石之一，属于似长石含水钠铝硅酸盐类。方沸石有效孔径小（直径

2.6Å），且孔道互不连通，具有离子交换能力差和分子筛特性，对封固及阻滞核素优势明显（崔光等，2017）。目的层泥岩中的方沸石在单偏光下具负低突起［图5.27（e）］，正交偏光下为一级灰干涉色，可见金属矿物（黄铁矿）、粉–细晶白云石充填于方沸石表面孔洞［图5.27（f）］，其成因可能是受到了后期热液作用的影响。扫描电镜下方沸石单一晶体为典型的四角三八面体，偶见晶体被溶蚀而不具规则边缘［图5.27（g），能谱确认图5.27（h）］。

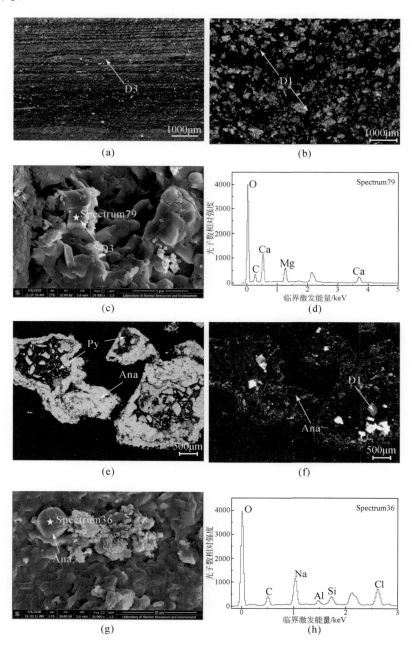

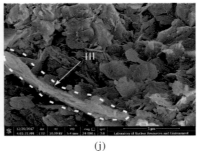

(i)　　　　　　　　　　　　　　　　　　(j)

图 5.27　塔木素预选区目的层泥岩典型矿物特征

（a）泥晶白云石与黏土矿物二元纹层，TZK-2 井，313.25m，单偏光；（b）泥岩中发育粉-细晶白云石，基质具泥质结构，TZK-1 井，614m，单偏光；（c）立方体泥微晶白云石颗粒，TZK-2 井，753.25m；（d）图（c）中 Spectrum79 能谱确认为白云岩；（e）沸石质泥岩中自形-半自形方沸石与金属矿物（黄铁矿）充填孔隙，TZK-2 井，716.57m，单偏光；（f）视域同（e），方沸石呈一级灰干涉色，粉-细晶白云石充填于方沸石孔洞，呈高级白干涉色，混合分布在暗色泥质物中，正交偏光；（g）方沸石晶体被溶蚀而呈不具规则四角三八面体，TZK-1 井，593.53m；（h）图（g）中 Spectrum36 能谱确认为方沸石；（i）板状立方体黄铁矿晶体，TZK-2 井，613.66m；（j）羽状伊利石，TZK-2 井，423.26m。D1-粉-细晶白云石；D3-泥微晶白云石；Ana-方沸石；Ill-伊利石；Py-黄铁矿

3）黄铁矿

扫描电镜下见板状立方体形式的黄铁矿，晶体边界平直，自形程度较高，晶粒粒径一般在 $50 \sim 100 \mu m$ ［图 5.27（i）］，偶见似六边形溶蚀孔。

4）伊利石

扫描电镜下伊利石具有片状、片丝状、羽状及毛发状特征［图 5.27（j）］。分布于颗粒间具有桥接特征的呈现为片丝状；而发育在孔隙中的多呈毛发状，与石英等矿物共生。

5.2.2.4　地球化学特征及意义

选取 TZK-2 井 30 件泥岩样品，系统开展地球化学特征研究，对目的层泥岩主量元素、微量元素、稀土元素特征及其地质意义进行分析和探讨，并为后续分析泥岩沉积环境提供科学依据。

1）主量元素特征

目的层泥岩主量元素含量见表 5.10，分别为 SiO_2（18.80%～49.62%）、CaO（3.38%～19.55%）和 Al_2O_3（5.72%～18.84%），平均值分别为 33.18%、10.38% 和 9.59%，除 P_2O_5（0.02%～0.63%）低于 1% 外，其余主量元素含量均大于 1%。值得注意的是样品 CaO 含量较高说明泥岩中碳酸盐矿物（白云石或者方解石）占有一定比重，且随着白云石含量的增高，CaO 含量也呈现增高趋势。以平均大陆上地壳（UCC）主量元素含量（Taylor and Mclennan，1985）为标准，对 30 件目的层泥岩样品主量元素氧化物进行标准处理（图 5.28），表明泥岩中 Ca、Na 元素富集，而 K、P 元素相对亏损。

2）微量元素、稀土元素特征

目的层泥岩微量元素平均值（表 5.10）除以上地壳平均值（UCC）可以得到相应元

表 5.10　塔木素预选区目的层泥岩地球化学元素分析结果及特征参数

编号	T41	T44	T52	T55	T58	T59	T60	T61	T66	T70	T79	T83	T85	T86	T99	T101	T102	T109	T115	T116	T117	T123	T127	T128	T133	T134	T141	T146	T154	T156	UCC
Al_2O_3	14.48	13.18	10.66	11.01	14.80	18.84	8.03	14.42	15.83	16.75	11.26	12.80	16.42	6.60	14.87	10.40	10.88	9.56	10.07	6.10	5.72	11.59	9.91	10.68	8.04	8.89	7.06	8.41	8.69	6.77	8.04
CaO	8.70	10.45	14.80	13.60	7.56	3.38	18.40	8.27	5.13	5.19	11.45	11.00	5.33	19.25	6.48	13.85	13.35	13.20	14.60	18.20	19.55	10.80	12.55	10.60	15.88	14.45	16.90	13.90	12.55	15.75	3
K_2O	2.66	2.72	2.27	2.49	2.23	2.94	2.08	2.28	2.97	2.74	1.78	1.82	2.53	1.65	2.19	1.53	2.54	1.87	1.73	1.53	1.22	2.68	3.47	2.87	2.33	2.10	2.85	1.34	2.72	1.27	2.8
Na_2O	4.71	4.18	3.37	3.49	5.63	7.16	2.54	5.40	5.92	6.77	4.87	5.60	6.80	2.49	6.54	4.78	3.98	4.21	4.58	2.58	2.60	4.14	3.14	3.26	2.80	3.58	2.07	4.10	3.16	3.14	2.89
P_2O_5	0.14	0.21	0.13	0.50	0.11	0.16	0.63	0.09	0.09	0.10	0.07	0.05	0.08	0.13	0.04	0.02	0.11	0.04	0.09	0.11	0.02	0.02	0.02	0.04	0.29	0.11	0.05	0.02	0.09	0.04	0.7
SiO_2	40.44	39.09	32.58	33.97	40.19	49.62	27.17	38.75	44.63	44.18	31.10	35.00	45.05	23.72	42.29	30.65	31.70	30.95	31.61	21.93	18.80	33.65	32.27	36.31	26.06	28.20	22.86	29.34	28.66	24.65	30.8
Ba	375	337	325	188	276	458	159	282.0	269	265.0	160	211.0	253.0	117	166	228	156	527.0	192	272	83	228	706.0	224.0	101.0	156	152	165	223.0	172.5	550
Sr	650	949	1155	1330	539	679	1720	739	595	526	698	714	417	1340	474	1140	1320	2740	920	2270	1890	1180	1540	1090	1290	910	1730	1230	1180	1090	350
Ni	33.40	26.40	22.60	26.60	27.80	37.50	18.70	24.50	27.00	19.20	27.30	9.60	25.90	15.40	22.10	8.40	19.50	20.00	18.80	18.90	12.40	18.10	20.60	23.10	22.90	17.40	14.30	18.30	21.60	17.90	20
V	134	176	158	201	153	159	139	156	141	131	125	166	134	131	77	116	107	123	118	102	109	133	119	96	131	105	111	72	82	93	60
Th	13.60	19.00	12.00	14.45	10.85	15.00	9.73	10.40	7.87	8.03	10.50	5.78	7.15	18.40	10.85	3.09	12.10	5.91	12.00	13.70	3.22	4.73	8.60	3.46	18.60	16.85	3.67	2.24	5.86	3.36	10.7
U	11.20	24.10	103.0	85.1	8.40	5.4	73.30	6.8	145.0	5.9	10.50	3.68	4.85	26.00	2.94	3.80	14.30	14.65	18.00	28.9	13.90	11.30	9.5	27.60	73.90	27.00	16.65	6.34	12.10	7.0	2.8
Rb	122.0	129.5	103.0	122.0	119.5	171.0	98.3	122.5	145.0	136.5	71.9	80.7	137.0	53.7	71.5	56.8	116.0	66.3	57.6	47.2	35.6	119.0	132.5	137.0	70.9	63.3	81.0	56.8	45.3	52.8	112.0
Sc	13.80	13.10	11.90	10.80	15.40	12.60	9.30	15.20	12.20	11.40	14.10	18.20	10.50	9.20	9.80	11.60	12.30	8.50	10.00	8.20	10.20	10.70	8.60	7.30	9.60	10.10	8.80	6.80	6.00	7.80	11
Zr	80	81	61	62	62	90	53	63	72	70	55	56	78	46	57	45	44	41	54	39	24	51	43	62	42	41	53	42	40	37	190
Co	19.7	17.6	14.4	14.2	18.5	20.9	11.7	15.7	18.0	12.6	14.9	11.1	18.8	8.6	13.7	9.7	13.6	10.6	12.4	9.9	7.5	13.5	11.5	13.3	12.4	12.2	8.9	9.8	9.3	8.9	10.0
Cu	45.9	43.1	34.4	36.3	42.4	55.6	27.6	41.4	44.0	36.9	37.2	39.0	42.5	23.7	27.9	26.2	28.7	28.9	37.4	29.3	18.6	37.3	30.1	34.3	35.0	33.9	29.3	27.5	31.5	22.3	25.0
La	34.8	38.2	31.8	29.5	37.9	45.8	19.0	42.3	44.5	31.2	31.9	34.3	48.7	19.6	69.9	26.1	29.4	53.2	24.0	21.5	35.6	25.6	40.1	15.6	28.6	23.0	12.5	31.8	21.9	19.3	
Ce	72.7	76.1	65.7	56.6	76.0	87.6	37.0	84.6	88.6	63.4	69.0	70.6	91.5	41.4	135.3	51.4	58.2	88.5	52.2	45.4	27.3	50.5	77.5	30.8	59.7	50.3	26.1	62.5	44.1	38.9	
Pr	7.14	7.83	6.60	5.90	7.88	9.22	3.98	8.57	8.84	6.71	7.28	6.98	8.92	4.64	14.00	5.56	6.11	8.49	5.95	5.07	2.67	5.30	7.85	3.17	6.57	5.70	2.79	6.60	4.55	3.79	
Nd	25.9	28.0	23.8	21.7	28.3	32.9	14.2	30.8	30.6	24.5	28.6	26.1	30.1	17.7	47.9	18.6	22.3	24.1	22.1	18.2	9.2	18.1	25.4	10.8	23.5	21.0	9.9	22.3	17.1	13.3	
Sm	4.85	5.06	4.32	4.09	5.22	6.15	2.65	5.60	5.36	4.59	5.21	5.84	5.41	3.74	6.85	3.24	4.49	3.43	4.64	3.67	1.61	3.71	4.37	2.06	4.29	4.28	1.89	3.46	3.14	2.21	
Eu	0.93	0.93	0.87	0.77	1.04	1.10	0.54	1.05	1.00	0.92	1.06	1.11	0.88	0.67	1.01	0.55	0.79	0.56	0.86	0.73	0.28	0.72	0.77	0.43	0.97	0.84	0.36	0.68	0.61	0.42	
Gd	4.14	4.04	3.76	3.61	4.56	4.78	2.31	4.84	4.46	3.77	4.72	5.26	3.83	3.35	3.75	2.41	3.95	2.35	4.00	3.00	1.48	3.14	3.10	1.65	4.03	3.69	1.65	2.75	2.54	1.70	
Tb	0.61	0.62	0.54	0.57	0.64	0.68	0.32	0.67	0.61	0.55	0.68	0.70	0.46	0.48	0.43	0.38	0.58	0.33	0.57	0.46	0.23	0.44	0.48	0.27	0.59	0.53	0.24	0.34	0.36	0.25	
Dy	3.60	3.44	3.16	3.29	3.62	3.89	2.12	3.84	3.30	3.00	4.00	3.80	2.41	2.86	2.01	1.96	3.24	2.11	3.13	2.70	1.30	2.51	2.58	1.73	3.37	2.99	1.47	2.03	2.03	1.41	
Ho	0.70	0.72	0.61	0.73	0.68	0.73	0.44	0.73	0.63	0.61	0.73	0.72	0.44	0.57	0.39	0.39	0.59	0.39	0.62	0.57	0.28	0.48	0.51	0.35	0.63	0.58	0.32	0.43	0.39	0.29	
Er	1.87	2.13	1.79	2.13	1.77	1.99	1.42	1.89	1.75	1.62	1.96	1.81	1.17	1.63	1.01	0.99	1.62	1.17	1.64	1.52	0.88	1.34	1.48	0.90	1.79	1.51	0.90	1.16	1.05	0.84	

续表

编号	T41	T44	T52	T55	T58	T59	T60	T61	T66	T70	T79	T83	T85	T86	T99	T101	T102	T109	T115	T116	T117	T123	T127	T128	T133	T134	T141	T146	T154	T156	UCC
Tm	0.26	0.30	0.23	0.32	0.26	0.28	0.23	0.27	0.24	0.22	0.27	0.25	0.17	0.25	0.15	0.15	0.22	0.16	0.23	0.23	0.13	0.19	0.19	0.13	0.27	0.21	0.14	0.17	0.16	0.14	
Yb	1.66	1.88	1.44	2.24	1.62	1.69	1.83	1.60	1.42	1.50	1.66	1.55	1.05	1.58	0.95	0.99	1.34	1.16	1.46	1.43	0.83	1.21	1.18	0.88	1.55	1.31	0.89	1.06	1.09	1.01	
Lu	0.27	0.28	0.23	0.35	0.23	0.26	0.32	0.25	0.21	0.23	0.25	0.23	0.16	0.25	0.15	0.17	0.20	0.18	0.23	0.20	0.13	0.19	0.16	0.13	0.22	0.20	0.14	0.17	0.16	0.16	
SiO_2/Al_2O_3	2.79	2.97	3.06	3.09	2.72	2.63	3.38	2.69	2.82	2.64	2.76	2.73	2.74	3.59	2.84	2.95	2.91	3.24	3.14	3.60	3.29	2.90	3.26	3.40	3.24	3.17	3.24	3.49	3.30	3.64	
K_2O/Na_2O	0.56	0.65	0.67	0.71	0.40	0.41	0.82	0.42	0.50	0.40	0.37	0.33	0.37	0.66	0.33	0.32	0.64	0.44	0.38	0.59	0.47	0.65	1.11	0.88	0.83	0.59	1.38	0.33	0.86	0.40	
CaO*	4.71	4.18	3.37	3.49	5.63	2.85	2.54	5.40	4.83	4.86	4.87	5.60	5.06	2.49	6.35	4.78	3.98	4.21	4.58	2.58	2.60	4.14	3.14	3.26	2.80	3.58	2.07	4.10	3.16	3.14	
CIA	54.52	54.33	54.19	53.76	52.32	59.27	52.86	52.44	53.57	53.83	49.43	49.57	53.29	49.89	49.65	48.39	50.89	48.16	48.04	47.69	47.12	51.40	50.41	53.21	50.34	48.98	50.25	46.85	49.01	47.28	
Co/Th	1.45	0.92	1.20	0.98	1.71	1.39	1.20	1.51	2.29	1.57	1.41	1.92	2.63	0.47	1.26	3.14	1.12	1.79	1.03	0.72	2.33	2.85	1.34	3.84	0.67	0.72	2.43	4.38	1.59	2.65	
La/Sc	2.52	2.92	2.67	2.73	2.46	3.63	2.04	2.78	3.65	2.74	2.26	1.88	4.64	2.13	7.13	2.25	2.39	6.26	2.40	2.62	1.27	2.39	4.66	2.14	2.98	2.28	1.42	4.68	3.65	2.47	
La/Yb	20.96	20.32	22.08	13.17	23.40	27.10	10.38	26.44	31.34	20.80	19.22	22.13	46.38	12.41	73.58	26.36	21.94	45.86	16.44	15.03	15.66	21.16	33.98	17.73	18.45	17.56	14.04	30.00	20.09	19.11	
∑REE	159.43	169.53	144.85	131.80	169.72	197.07	86.36	187.01	191.52	142.82	157.32	159.25	195.20	98.72	283.80	112.89	133.03	186.13	121.63	104.68	59.32	113.43	165.67	68.90	136.08	116.14	59.29	135.45	99.18	83.72	
Sr/Ba	1.73	2.82	3.55	7.09	1.95	1.48	10.82	2.62	2.21	1.98	4.38	3.38	1.65	11.45	2.86	5.00	8.49	5.20	4.80	8.35	22.66	5.18	2.18	4.87	12.77	5.83	11.42	7.48	5.29	6.32	
Sr/Cu	14.16	22.02	33.58	36.64	12.71	12.21	62.32	17.85	13.52	14.25	18.76	18.31	9.81	56.54	16.99	43.51	45.99	94.81	24.60	77.47	101.61	31.64	51.16	31.78	36.86	26.84	59.04	44.73	37.46	48.88	
Rb/Sr	0.19	0.14	0.09	0.09	0.22	0.25	0.06	0.17	0.24	0.26	0.10	0.11	0.33	0.04	0.15	0.05	0.09	0.02	0.06	0.01	0.02	0.10	0.09	0.13	0.05	0.07	0.05	0.05	0.04	0.05	
V/Ni	4.01	6.67	6.99	7.56	5.50	4.24	7.43	6.37	5.22	6.82	4.58	17.29	5.17	8.51	3.48	13.81	5.49	6.15	6.28	5.40	8.79	7.35	5.78	4.16	5.72	6.03	7.76	3.93	3.80	5.20	
V/Ni+V	0.80	0.87	0.87	0.88	0.85	0.81	0.88	0.86	0.84	0.87	0.82	0.95	0.84	0.89	0.78	0.93	0.85	0.86	0.86	0.84	0.90	0.88	0.85	0.81	0.85	0.86	0.89	0.80	0.79	0.84	
Ce_{anom}	0.0041	-0.0062	-0.0269	-0.0576	-0.0129	-0.0100	-0.1001	0.0087	0.0187	0.0037	0.0074	0.0005	-0.0005	-0.0953	0.0184	-0.0349	-0.0039	-0.0301	-0.0410	-0.0985	-0.0444	-0.0866	-0.0029	-0.1386	0.0409	0.0370	-0.2022	-0.0884	-0.0326	-0.0538	
δEu	0.62	0.61	0.65	0.60	0.64	0.60	0.65	0.60	0.61	0.66	0.64	0.60	0.56	0.57	0.55	0.58	0.56	0.57	0.60	0.65	0.55	0.63	0.61	0.69	0.70	0.63	0.61	0.65	0.64	0.64	
δCe	1.05	1.01	1.04	0.98	1.01	0.97	0.98	1.01	1.02	1.01	1.05	1.04	0.98	1.01	0.98	0.98	0.99	0.91	1.02	1.01	1.06	0.99	0.99	1.00	1.01	1.03	1.02	0.99	1.01	1.03	
LREE/HREE	11.16	11.64	11.32	8.95	11.68	12.78	8.61	12.27	14.18	11.42	10.02	10.12	19.14	8.00	31.10	14.17	10.33	22.71	9.24	9.35	10.28	10.94	16.11	10.41	9.93	9.54	9.31	15.70	11.75	13.43	
Dy_N/Sm_N	0.45	0.41	0.44	0.49	0.42	0.38	0.48	0.42	0.37	0.40	0.46	0.39	0.27	0.46	0.18	0.37	0.44	0.37	0.41	0.45	0.49	0.41	0.36	0.51	0.48	0.42	0.47	0.36	0.39	0.39	

注：主量元素含量的计数单位为%，微量及稀土元素含量的计数单位为×10⁻⁶。LREE=La+Ce+Pr+Nd+Sm+Eu；HREE=Gd+Tb+Dy+Ho+Er+Tm+Yb+Lu；∑REE=LREE+HREE；δEu=Eu_N/[(Sm_N+Gd_N)/2]；δCe=Ce_N/[(La_N+Pr_N)/2]；标准化数据采用Taylor的标准值。CIA=[Al_2O_3/(Al_2O_3+CaO*+Na_2O+K_2O)]×100，式中各主成分单位均为摩尔量，CaO*指硅酸盐矿物中的CaO(不包括碳酸盐以及磷酸盐矿物中的CaO)。Ce_{anom}=lg[$3Ce_U$/($2La_U+Nd_U$)]，以北美页岩为标准计算。UCC为主成上地壳平均值。地球化学分析测试均在测实分析检测(广州)有限公司完成。实验仪器分别为电感耦合等离子体发射光谱(ICP-AES)，仪器型号Agilent，产地美国；电感耦合等离子体质谱仪(ICP-MS)，仪器型号Perkin Elmer Elan 9000，产地美国。在系统设定上，检测方法的准确度和精密度(相对偏差和相对误差)均控制在<10%(±5%)。

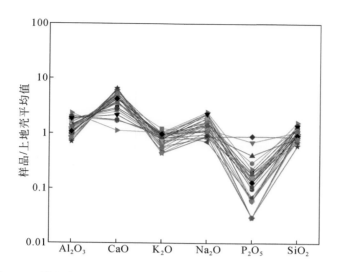

图 5.28　塔木素预选区目的层泥岩主量元素氧化物 UCC 标准化模式

素的浓度系数（图 5.29），Sr、U、V 元素富集明显，浓度系数均大于 2；Co、Cu、Ni 元素含量接近上地壳平均值，轻微富集；Ba、Rb、Sc、Th、Zr 元素含量低于上地壳平均值，表现为相对亏损。样品中大离子亲石元素 Sr 含量远高于上地壳平均值，最高达 $2740×10^{-6}$，而主要赋存于重矿物等粗粒矿物中的 Zr 等元素则在泥岩中相对亏损。

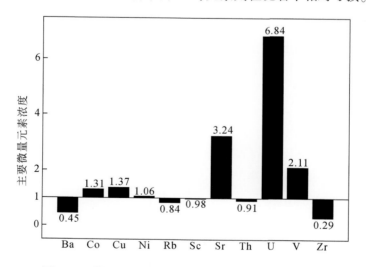

图 5.29　塔木素预选区目的层泥岩微量元素浓度系数

目的层泥岩稀土元素变化范围大，总量（ΣREE）为 $59.29×10^{-6}$ ~ $283.80×10^{-6}$，平均值为 $139×10^{-6}$，略低于大陆上地壳平均值（$146.37×10^{-6}$），轻、重稀土比值（LREE/HREE）变化范围为 8 ~ 31.10，平均值为 12.52，轻稀土富集，重稀土亏损，配分曲线在轻稀土元素（La-Eu 段）处斜率大，呈明显的右倾型，Eu 处呈明显的"V"字形，重稀土元素（Eu-Lu 段）斜率较小，轻稀土含量变化趋势基本决定了稀土元素的变化趋势。样品 δEu 介于 0.55~0.70，平均值 0.62，为中等偏强负异常；δCe 介于 0.91~1.06，平均值 1.01，无异常。稀土元素和上地壳平均值配分模式（图 5.30）呈现出一致的变化规律，根据"相似同源"原理（宋健等，2012），初步说明泥岩样品具有相同的物源，应该主要来自上地壳。

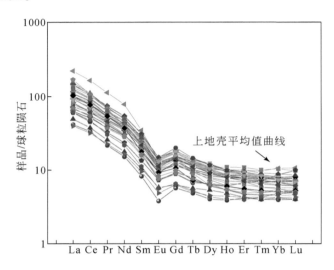

图 5.30　塔木素预选区目的层泥岩及上地壳稀土元素配分模式

此外，已有研究表明受到成岩作用影响的碎屑沉积岩的某些稀土元素可能会出现异常或者它们之间具有较好的相关性，从而不能用于真实地反演古沉积环境。具体条件表现为：受成岩作用影响 δCe 易出现异常，并且 δCe 与 δEu、δCe 与 $(Dy/Sm)_N$、δCe 与 $\sum REE$ 三组特征值分别具有较好的相关、负相关及正相关关系（Shields and Stille，2001；吴赛赛等，2016；张建军等，2017）。对 30 件泥岩样品的上述特征值分析表明：样品 δCe 无异常；利用 SPSS19.0 相关分析得到 δCe 与 δEu、δCe 与 $\sum REE$ 的相关系数分别为 0.231，-0.315，均未达到统计学显著性水平，无明显的相关性；δCe 与 $(Dy/Sm)_N$ 存在弱正相关关系，相关系数为 0.368（0.05 水平上显著），有悖于受成岩作用影响而呈现负相关关系。综合上述分析可知，本次研究的泥岩样品的稀土元素没有明显的相关性，可以利用稀土元素特征值来探讨泥岩的古沉积环境。

3）泥岩源区构造背景

细粒沉积岩（砂岩、泥岩、硅质碎屑岩等）的元素地球化学特征不仅与物源属性有关，还受到源区构造背景的制约。前人在研究不同地区的细粒沉积岩主、微量元素特征的基础上总结出一系列恢复物源区构造背景判别的图解。例如，采用双变量主量元素比值 $SiO_2/Al_2O_3-K_2O/Na_2O$ 判别图能有效消除碳酸盐对构造判别精度的影响（李乐等，2015）；根据 La、Th、Sc、Zr 等稳定性的微量-稀土元素总结出适用于砂岩及泥岩样品的 La-Th-

Sc 及 Th–Sc–Zr/10 构造环境判别图解（Bhatia and Crook，1986；Roser and Korsch，1986）。利用多种判别图解的综合分析，可以准确判别泥岩源区的构造背景。由 SiO_2/Al_2O_3–K_2O/Na_2O 判别图可见绝大多数样点分布于主动大陆边缘，La–Th–Sc 及 Th–Sc–Zr/10 判别图可见样品主要分布于大陆岛弧区域，也分布于大陆岛弧和主动大陆边缘的过渡区域（图 5.31）。此外，30 件泥岩样品的 δEu 异常程度（0.55～0.70，平均值 0.62）也更接近安第斯型大陆边缘（$\sum REE=186\times10^{-6}$，δEu=0.6），此种构造类型亦属于主动大陆边缘的一种（Bhatia，1985）。

基于上述主量、微量构造判别图解及 δEu 异常特征的分析，可以认为目的层泥岩源区的构造环境主要为大陆岛弧和相关的主动大陆边缘。

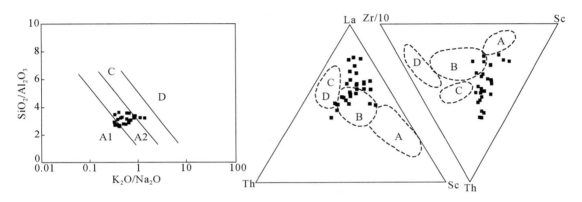

图 5.31 塔木素预选区目的层泥岩构造背景判别图

SiO_2/Al_2O_3–K_2O/Na_2O 判别图据 Maynard 等（1982）；La–Th–Sc 及 Th–Sc–Zr/10 判别图据 Bhatia 和 Crook（1986）；

A1-原始岛弧；A2-进化岛弧；A-大洋岛弧边缘；B-大陆岛弧；C-主动大陆边缘；D-被动大陆边缘

4）原岩属性

沉积岩稀土元素特征主要受控于相应物源区的岩石组成，能够反映原岩的稀土特征，因而稀土元素配分模式及 δCe 和 δEu 异常特征的相互对比均具有重要的物源示踪意义（McLennan et al.，1993；张金亮和张鑫，2007）。稀土元素分析表明成岩作用对泥岩稀土元素的影响不明显，可以用于探究源区物源属性。

目的层泥岩稀土元素分配模式与上地壳稀土元素分布曲线基本平行，呈右倾型，具有轻、重稀土元素分异明显，轻稀土富集、重稀土亏损，Eu 负异常、Ce 无异常的特点，表明目的层泥岩的母岩物质来源于上地壳。La/Yb–ΣREE 原岩判别图解表明多数样品落在沉积岩（钙质泥岩）和花岗岩交汇区域内，极少量样品落入碱性玄武岩区 [图 5.32（b）]。已有研究表明花岗岩一般呈现 Eu 负异常（δEu<0.9），而玄武岩 Eu 异常不明显或无异常（0.9<δEu<1.0）（张金亮和张鑫，2006），研究区样品 δEu 介于 0.55～0.70，平均值 0.62，呈现明显的负异常。由此可以判定泥岩的主要母岩并非玄武岩，而应该是沉积岩-花岗岩。再结合 Co/Th–La/Sc 投点 [图 5.32（a）]，样品偏向于长英质火山岩。综合判定可知，目的层泥岩原岩以上地壳长英质物质组分为主。

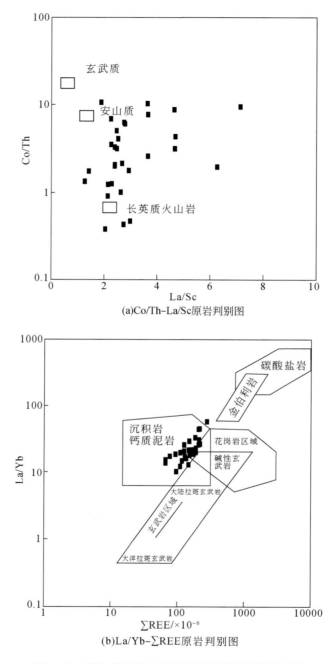

(a)Co/Th–La/Sc原岩判别图

(b)La/Yb-∑REE原岩判别图

图5.32　塔木素预选区目的层泥岩原岩属性判别图

（a）底图据 Wronkiewicz 和 Condie（1989）；（b）底图据 Allègre 和 Minster（1978）

由上述分析可知，塔木素预选区目的层泥岩氧化物主要为 SiO_2、CaO 和 Al_2O_3；与元素上地壳平均值相比，Ca、Na、Sr、U、V 元素富集，而 K、P、Ba、Rb、Sc、Th、Zr 元素相对亏损；稀土元素变化范围大，轻、重稀土分异明显，δEu 介于 0.55~0.70，平均值为 0.62，为中等偏强负异常，δCe 介于 0.91~1.06，平均值为 1.01，无异常；构造判别图解及 δEu 异常特征共同表明目的层泥岩源区的构造环境主要为大陆岛弧和主动大陆边缘；稀土配分曲线特征及原岩属性判别图解显示泥岩原岩以上地壳长英质为主。

5.2.3　目的层泥岩物理性质和岩石力学特征

5.2.3.1　泥岩含水率

泥岩中的自由水在天然状态下位于岩石孔隙中，因此通过测定岩样中的含水率来间接反映岩石的孔隙度大小。本节通过确定岩样中天然状态下自由水质量占岩石总质量的百分比来确定预选区巴音戈壁组上段泥岩的含水率情况，从而估算其孔隙度大小，岩样中含水率越高表明预选区泥岩孔隙越多，孔隙度越大，反之则反映孔隙越少，孔隙度越小。

样品选自 TZK-1 井和 TZK-2 井，为研究目的层泥岩的含水率大小，分别对 TZK-1 井480~800m 和 TZK-2 井 300~800m 的 222 件泥岩样品进行野外现场的含水率测量。为了保证目的层泥岩含水率测量的准确性和精确度，在野外钻孔施工现场，待岩心取出后及时用便携式切割机干切，切去岩心外层受到泥浆钻进影响的部分，保留岩心中心未受影响的部分（切成近立方体小块状，质量介于 30~110g）。含水率测试中泥岩样品的取样间隔约 3m取一组，TZK-1 井共取 102 组样品，TZK-2 井共取 120 组样品；每组 3 个含水率测试样品，烘干前测量自然状态下天然岩样的质量 m_0；之后放置 150℃ 的烘箱中连续烘烤 24h，将岩样放置于干燥器中冷却至室温，再次称量岩样质量 m_s。根据含水率公式 ［式（5.1）］ 计算 3 个岩样的含水率并进行平均值处理后记录该组样品对应层位泥岩的含水率：

$$w = (m_0 - m_s)/m_s \times 100\% \qquad (5.1)$$

现场泥岩含水率测试结果表明，TZK-1 井岩心样品的含水率为 1.18%~8.13%，平均值为 3.56%，TZK-2 井岩心样品的含水率为 0.74%~9.97%，平均值为 4.13%，塔木素地区目的层泥岩的含水率为 0.74%~9.97%，平均值为 3.85%，预选区泥岩含水率较低，远低于国外黏土岩含水率（法国与瑞士黏土岩的含水率均在 6.7% 左右）。从预选区目的层泥岩含水率随埋藏深度的变化趋势图 （图 5.33） 可知，目的层泥岩含水率随泥岩埋藏深度的增加而递减，表明随着埋藏深度的增加泥岩受到自重压力的影响 （压实作用），岩石内部孔隙缩小，孔隙度减小，导致岩石中自由水被排除，含水率减小。通过分析泥岩埋藏深度与含水率的线性关系可知：TZK-1 井目的层泥岩埋藏深度与含水率线性关系的相关系数 R^2 为 0.7821，而 TZK-2 井离散趋势更强，泥岩埋藏深度与含水率线性关系的相关系数 R^2 仅为 0.4259，结合野外钻孔岩心编录照片 （图 5.34），推测由于岩心中存在孔隙、孔洞、微裂隙等空隙构造，自由水在层间滞留，从而使得泥岩含水率在岩心孔隙构造发育较多的层位偏高。

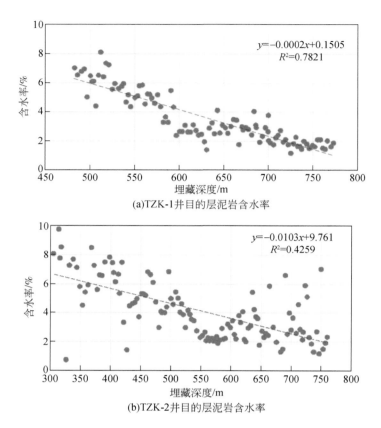

(a)TZK-1井目的层泥岩含水率

(b)TZK-2井目的层泥岩含水率

图5.33　塔木素预选区目的层泥岩含水率随埋藏深度的变化趋势图

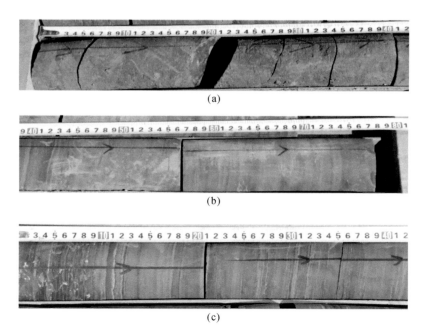

(a)

(b)

(c)

图5.34 塔木素预选区目的层泥岩编录照片

（a）TZK-1井471.92～472.32m目的层泥岩，有裂隙构造；（b）TZK-1井535.12～535.52m目的层泥岩，发育水平层理构造；（c）TZK-1井621.926～622.36m目的层泥岩，水平层理极度发育，上部发育微裂隙，钙质充填；（d）TZK-2井381.17～381.57m目的层泥岩，发育垂直的裂隙构造；（e）TZK-2井474.87～475.27m目的层泥岩，岩石存在机械破碎现象，发育裂隙构造；（f）TZK-2井597.80～598.20m目的层泥岩，层理面发育钙质胶结物，有微裂隙构造；（g）TZK-2井653.50～653.90m目的层泥岩，可见孔隙、孔洞等空隙构造发育；（h）TZK-2井721.08～721.48m目的层泥岩，见泥岩皱曲和微裂隙构造

5.2.3.2　泥岩密度

单位体积岩石的质量即岩石的密度，岩石密度又可以分为块体密度和颗粒密度，其参数指标是建造材料选择、岩体稳定性等工程建造条件的必要研究内容。因此本节对预选区泥岩的天然块体密度与颗粒密度进行试验分析，以此对预选区泥岩的物理特性与工程稳定

性进行初步评价。

　　样品选自预选区 ZKH8-14 井 430～550m 不同深度的泥岩岩心，测试样品切割至直径标准 ϕ25mm，长度在 20～80mm 的圆柱体样品，分别分析岩样的天然块体密度与颗粒密度。天然块体密度是指在天然含水状态下岩石样品每单位体积的质量，其测量值可以反映岩石的致密性和稳定性。经测量得到预选区目的层 15 个泥岩样品的天然块体密度在 2.37～2.51g/cm^3，平均值为 2.45g/cm^3；分析天然块体密度与埋藏深度的关系如图 5.35 所示，可见岩样的天然块体密度整体随埋藏深度有上升趋势，但线性关系不明显。结合测量数据可知，预选区泥岩整体较为致密，岩体稳定性较好，有细小的微裂隙构造，随着埋藏深度的增加岩石因压实作用，内部结构越发紧密，密度随之增大，孔隙度也相对减小。

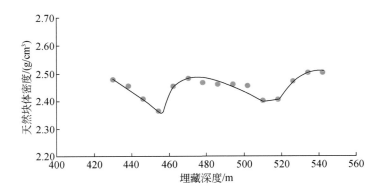

图 5.35　塔木素预选区目的层泥岩天然块体密度随埋藏深度的变化

　　岩石的块体密度除与岩石中矿物组成有关，还受岩石中孔隙、裂隙、含水率等因素影响。致密且裂隙不发育、稳定性好、孔隙度小的岩石，其块体密度与颗粒密度之间相差越小，因此，为了进一步验证预选区泥岩稳定性好、孔隙度小且均匀致密，对上述 15 个样品的颗粒密度进行测量。颗粒密度是指岩石的固相部分质量与其体积（不包括空隙）的比值。它的大小仅由组成岩石的矿物质的密度和含量决定。因此，块体密度和颗粒密度之间的差异可以间接反映岩体中的空隙率。

　　将上述 15 个样品粉碎至 200 目以下，恒温 105℃ 连续干燥 12h 后置于干燥环境中冷却至常温，选择蒸馏水作为测试溶液，并通过沸腾法排出测试溶液中的气体，根据比重法获得样品的颗粒密度，具体公式如式（5.2）：

$$\rho_s = \frac{m_s}{m_1 + m_s - m_2}\rho_{wt} \qquad (5.2)$$

式中：ρ_s 为岩样的颗粒密度（g/cm^3）；m_1 为烘干后颗粒的质量（g）；m_s 为比重瓶与蒸馏水的总质量（g）；m_2 为比重瓶、泥岩样品颗粒和蒸馏水的总质量（g）；ρ_{wt} 为常温状态下蒸馏水的密度（g/cm^3）。通过计算得到预选区泥岩样品平均颗粒密度可达 2.71g/cm^3（2.52～2.83g/cm^3），与上述天然块体密度相比存在一定差异，但差值较小，结合图 5.35 天然块体密度与埋藏深度的关系可知，泥岩样品中存在微裂隙构造，但整体数量较少，稳定性较好。

5.2.3.3　泥岩孔隙度与渗透率

由于岩石的孔隙相互连通，因此流体具有渗入岩石的能力。为了评估高放废物储存过程中流体渗透通过孔隙的障碍，研究塔木素预选区中泥岩样品的孔隙度和渗透率是评价地质处置库安全性的基本要求。

预选区孔隙度与渗透率试验分析的样品与前面开展泥岩基础物理性质研究的样品一致，以保证泥岩基础物理性质研究的一致性。试验仪器采用 KXD-II 型孔隙度渗透率联测仪，依据波义耳定律和达西定律的原理，对塔木素预选区泥岩进行相关测试分析，测试结果见表 5.11。

表 5.11　塔木素预选区目的层泥岩孔隙度与渗透率试验结果

序号	钻孔号	深度/m	岩心直径/cm	岩心长度/cm	质量/g	气测渗透率/m²	气体渗透系数/(m/s)	孔隙度/%
1	ZKH8-14	431.03	2.530	4.354	54.586	9.43×10^{-17}	9.25×10^{-9}	7.75
2	ZKH8-14	439.26	2.542	3.808	47.283	6.66×10^{-17}	6.53×10^{-9}	10.10
3	ZKH8-14	448.01	2.546	5.198	63.316	5.06×10^{-16}	4.96×10^{-8}	10.99
4	ZKH8-14	452.04	2.534	5.912	70.749	3.06×10^{-17}	3.00×10^{-9}	10.31
5	ZKH8-14	467.02	2.532	5.717	70.963	3.06×10^{-17}	3.00×10^{-9}	7.70
6	ZKH8-14	472.07	2.540	3.465	43.495	2.06×10^{-17}	2.02×10^{-9}	7.18
7	ZKH8-14	479.11	2.537	4.590	57.262	3.07×10^{-17}	3.01×10^{-9}	6.13
8	ZKH8-14	484.21	2.542	5.194	64.664	2.98×10^{-17}	2.92×10^{-9}	5.51
9	ZKH8-14	493.23	2.538	4.804	59.786	8.59×10^{-17}	8.42×10^{-9}	7.96
10	ZKH8-14	502.16	2.538	5.282	65.583	1.88×10^{-16}	1.84×10^{-9}	7.43
11	ZKH8-14	511.35	2.550	7.980	97.001	4.04×10^{-17}	3.96×10^{-9}	9.13
12	ZKH8-14	519.24	2.548	8.680	105.668	2.88×10^{-17}	2.82×10^{-9}	
13	ZKH8-14	527.09	2.544	8.178	102.287	3.14×10^{-17}	3.08×10^{-9}	
14	ZKH8-14	534.64	2.546	9.040	114.486	1.66×10^{-17}	1.63×10^{-9}	
15	ZKH8-14	544.23	2.546	8.608	108.954	2.02×10^{-17}	1.98×10^{-9}	

通过对塔木素预选区目的层泥岩基础物理性质试验研究，得出了预选区目的层泥岩孔隙度、渗透率、含水率等基础参数；预选区泥岩整体致密且均匀，稳定性能良好，微裂隙、孔隙等空隙少，是良好的隔水层，能起到有效滞留、延缓高放废物在处置过程中有害物质随流体迁移的作用，符合核安全导则中黏土岩的基础物理性能要求。

5.2.3.4　预选区泥岩抗拉特性试验研究

岩石的抗拉强度是建造施工中重要的岩石力学特性。抗拉强度是岩石破坏强度中最弱的强度特性，在工程实践中岩体常因受到拉应力而发生破坏（胡海洋，2014）。因此对预选区目的层泥岩的抗拉特性进行试验研究对评价地质处置库黏土岩安全性能意义重大。

1）巴西劈裂试验

由于巴西劈裂法的试验方法简单，且所测得的抗拉强度与直接拉伸法测得的抗拉强度非常接近，因此常用巴西劈裂法间接测量岩样的拉伸强度（樊怡，2019）。试验前，测量两端相互垂直的四个直径，取其平均值。然后测量两端轴对称的多个点的高度，并取其平均值。在 150kN 的压力环境下，以 0.2MPa/s 的速率连续均匀地加载至样品破坏（图5.36）。记录破坏时的最大压力，并通过式（5.3）计算泥岩样品对径压缩的抗拉强度（弹性理论解）：

$$\sigma_t = \frac{2P}{\pi DH} \tag{5.3}$$

式中：σ_t 为样品中心的最大拉应力（抗拉强度）（MPa）；P 为最大荷载（样品破坏时的极限压力）（N）；D 为岩石样品的直径（mm）；H 为岩石样品的高度（厚度）（mm）。

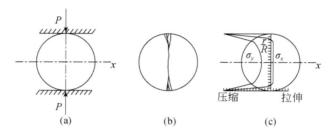

图 5.36　巴西劈裂法试验原理
R 为变形前的半径，r 为变形后的半径

根据上述试验方法，对预选区 4 个不同钻孔巴音戈壁组上段（目的层）岩心样品进行巴西劈裂试验，得出岩样的抗拉强度，见表 5.12。分析可知，泥岩样品的抗拉强度（抗张）变化很大，最小值为 6.59MPa，最大值为 17.69MPa，但总体抗拉强度较高，平均值约为 10MPa。

表 5.12　塔木素预选区目的层泥岩抗拉强度试验结果

样品组号	样品编号	取样深度/m	高度/mm	直径/mm	抗拉强度/MPa	破坏荷载/kN
1	ZKH0-16-L2	650.5	25.12	49.58	7.1	13.88
	ZKH0-16-L2	653.5	25.45	49.58	6.59	13.09
	ZKH0-16-L3	653.5	25.69	49.58	7.51	15.044
2	ZKH8-14-L1	605	25.12	49.56	9.25	18.098
	ZKH8-14-L2	622	25.22	49.59	10.07	19.766
	ZKH8-14-L4	622	25.16	49.61	8.35	16.648
3	ZKH16-16-L1	637	25.76	49.58	12.55	25.95
	ZKH16-16-L2	637	25.72	49.66	13.1	37.664
	ZKH16-16-L3	637	25.69	49.56	12.2	25.226

样品组号	样品编号	取样深度/m	高度/mm	直径/mm	抗拉强度/MPa	破坏荷载/kN
4	ZKH80-17-L2	575	25.74	49.52	17.69	35.342
	ZKH80-17	580	25.57	49.61	15.59	31.088
	ZKH80-17-L1	622	25.16	49.58	11.72	23.012

为了探究预选区泥岩埋藏深度与抗拉强度之间的关系，对上述样品进行线性关系投图，从图5.37中可以发现塔木素预选区泥岩的抗拉强度随着埋藏深度的增加整体呈现上升的趋势，但它们之间并没有显著线性关系（图中 R^2 为相关系数）。这是由于岩石作为一种天然形成的复杂且具有各向异性的材料，即使是同一层位的岩石样品，其力学性质还是受其岩石自身特性（矿物组分，结构构造）的影响。

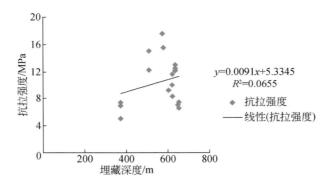

图5.37　塔木素预选区目的层泥岩抗拉强度与埋藏深度的关系

2）点荷载强度试验

相比一些常规的岩石强度试验测定，点荷载强度试验具有各向异性上的优势，因此本节以岩石层理面为基准，分别测量预选区泥岩垂向和水平向上的点荷载强度。通过不同方向上的差异性分析岩石的各向异性。测试采用点荷载试验仪，选取4个不规则的岩样进行水平向试验，要求岩样的高径比大于1；另取7个不规则的岩样进行垂向试验，要求长径比在0.3~1.0。测量两个荷载点之间的最小距离和荷载后最小截面的宽度，直到岩石样品失效为止，分别通过式（5.4）和式（5.5）计算样品破坏荷载和点荷载强度：

$$P = CR' \tag{5.4}$$

$$I_s = \frac{P}{D_e^2} \tag{5.5}$$

式中：P 为最大荷载（N）；I_s 为点荷载强度指数（MPa）；R' 为油压表读数（MPa）；C 为仪器内活塞面积（$C = 1590\text{mm}^2$）；D_e 为荷载点间的距离；P 为总荷载，测试结果见表5.13。

表 5.13　塔木素预选区目的层泥岩点荷载强度试验结果

样号编号	深度/m	加载方向	点荷载强度/MPa
ZKH8-14	649	垂向	5.49
ZKH8-14	649	垂向	4.68
ZKH8-14	628	垂向	4.18
ZKH8-14	617	垂向	3.52
ZKH36-16	644.64	水平向	4.09
ZKH32-19	550.5	水平向	3.21
ZKH32-19	566.0	水平向	2.61
ZKH32-19	566.9	水平向	2.68
ZKH8-14	720	水平向	2.85
ZKH8-14	720	水平向	0.86
ZKH8-14	667	水平向	2.79

塔木素预选区泥岩在垂向加载下，点荷载平均强度约为 4.5MPa；在水平向加载下，点荷载平均强度约为 2.7MPa。分析可知预选区泥岩垂向的点荷载普遍大于水平向，且岩样的破坏面随加载方向不同而变化，内部没有明显的结构面（图 5.38），体现了点荷载强度试验的各向异性。

图 5.38　塔木素预选区泥岩点荷载破坏情况

岩石的各向异性可由最强方向与最弱方向上的点荷载强度比值（$I_{a(50)}$）反映，其比值越大，体现岩石的各向异性越明显，其值接近于 1 则体现岩石的各向同性（姜荣超和余细贞，1986），具体换算见式（5.6）：

$$I_{a(50)} = I'_{s(50)} / I''_{s(50)} \qquad (5.6)$$

式中：$I''_{s(50)}$ 为平行于岩石最弱方向上的点荷载强度（MPa）；$I'_{s(50)}$ 为垂直于岩石最弱方向上的点荷载强度（MPa）。通过上述点荷载强度计算出预选区泥岩的点荷载强度比值 $I_{a(50)}$ 约为 1.6。

5.2.3.5 预选区泥岩抗压特性试验研究

岩石的抗压强度不仅是反映其力学性质的重要指标和岩体计算中的重要参数，也是岩体工程分类和工程岩体稳定性评价的关键考量因素。参照地质处置库黏土岩场地选址准则及国外有益经验可知，地质处置库建设在距离地表 300～1000m 的深度最为适宜。因此为了对预选区泥岩力学性质进行初步评价，借助核工业二○八大队的地质钻孔，在对预选区巴音戈壁组上段泥岩进行力学性质研究的同时，主要对 300m 以下的泥岩进行相关抗压特性试验研究；根据泥岩特征的差异性，重点对 TZK-2 井（全孔泥岩）进行相关力学性质分析，使对试验参数的讨论更有实际价值。

5.2.3.6 预选区浅层泥岩抗压特性试验

浅层泥岩抗压特性试验在东华理工大学土木与建筑工程学院（土木工程实验教学中心）完成，选取预选区 40～60m 的浅层巴音戈壁组上段泥岩岩心，精加工至标准岩样（ϕ50mm×100mm 圆柱体）。试验仪器采用 TAW-2000 微机控制电液伺服岩石三轴试验机，试验过程中采用轴向应变控制，应变速率为 10^{-5}～10^{-6}/s；系统自动记录试验时的应力、应变、位移等参数，直到岩样破裂，系统自动停机（胡海洋，2014）；岩石破坏后，仍然存在一定抗压强度，应力缓慢降低，应变继续发展。当压力降至接近零时，将执行手动关机。此时，记录应力–应变变化过程曲线（马利科，2017），并处理试验数据，得到岩石样品的抗压强度、变形模量和弹性模量。具体处理方式如下。

（1）单轴（三轴）抗压强度为试验过程中应力–应变曲线最大值。

（2）按照式（5.7）计算岩石的变形模量（MPa）（依据《水利水电工程岩石试验规程》），其中 σ_{50} 为最大抗压强度的一半时的应力（MPa）；ε_{50} 为应力 σ_{50} 时的轴向应变。计算公式如下：

$$E_{50} = \frac{\sigma_{50}}{\varepsilon_{50}} \tag{5.7}$$

（3）按照式（5.8）计算岩石的弹性模量（依据《岩石力学试验建议方法》），取抗压强度为50%的应力值（σ_{50}）附近的应力–应变关系的线性段，采用最小二乘法计算直线方程的斜率（弹性模量）：

$$E_e = \frac{\Delta\sigma}{\Delta\varepsilon} \tag{5.8}$$

预选区泥岩变形参数试验结果见表5.14。分析试验结果可知，常温单轴压缩试验条件下，浅层泥岩的变形以弹性变形为主，轴向应力达到弹性极限状态后，岩石样品开始产生局部轻微损坏，并且应力–应变曲线会随着岩石样品的承载能力不断提高而波动，直到出现脆性破裂为止。破裂后岩样还存在较大残余强度，在峰值后，继续加载，岩样破坏加剧，直至整体破裂（图5.39）。

表 5.14　塔木素预选区目的层浅层泥岩变形参数试验结果

试验	钻孔号	深度/m	岩石编号	泊松比	弹性模量/MPa	最大负荷/kN
常温单轴	ZKH88-7	58.03	N-4A	0.20	3109.17	30.97
常温单轴	ZKH88-7	58.03	N-4B	0.17	3250.63	35.10
常温单轴	ZKH88-7	58.03	N-4C	0.31	11241.00	31.79
常温三轴 ($\sigma_3 = 10MPa$)	ZKH88-7	58.03	N-4D	0.07	5698.74	60.06
常温三轴 ($\sigma_3 = 10MPa$)	ZKH88-7	43.70	N-2A	0.04	3733.03	25.16
常温三轴 ($\sigma_3 = 10MPa$)	ZKH88-7	43.70	N-2B	0.08	4508.30	84.53
常温三轴 ($\sigma_3 = 5MPa$)	ZKH88-7	43.70	N-2C	0.14	5410.00	96.42
常温三轴 ($\sigma_3 = 5MPa$)	ZKH88-7	59.70	N-6A	0.09	4146.82	63.84

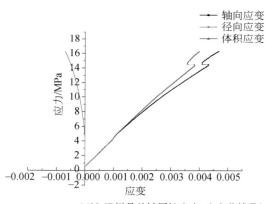

(a)N-4B样品单轴压缩应力-应变曲线及试验加载后岩石破坏情况

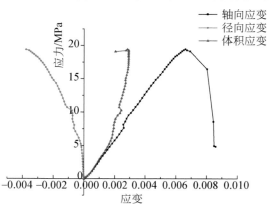

(b)N-4A样品单轴压缩应力-应变曲线及试验加载后岩石破坏情况

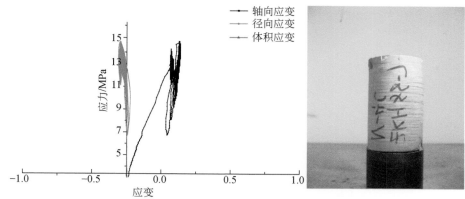

(c)N-4C样品单轴压缩应力–应变曲线及试验加载后岩石破坏情况

图5.39　塔木素预选区目的层浅层泥岩单轴压缩应力–应变曲线及样品破坏情况

研究表明，单轴抗压强度一般为点荷载的 20~25 倍（岩石的各向异性比可达15~50），抗拉强度为点荷载的 1.5~3 倍，$I_{a(50)}$ 约为单轴抗拉强度（巴西劈裂强度）的 0.8 倍（曾伟雄和林国赞，2003；姜荣超和余细贞，1986）。据此得出预选区泥岩垂向加载时抗拉强度约为 10.1MPa，抗压强度约为 117.3MPa；水平向加载时抗拉强度约为 6.1MPa，抗压强度约为 61.3MPa。结合巴西劈裂试验和单轴抗压试验结果，预选区泥岩在垂直层理加载的情况下推测出的强度范围与试验结果更为一致。

塔木素预选区浅层泥岩的常温三轴压缩试验分别在围压 5MPa 和 10MPa 条件下展开，分析试验结果可知：在围压 5MPa 条件下，岩石表现以塑性变形为主，应力–应变曲线达到峰值强度时，应力–应变曲线陡降，岩样端面处受压破碎。随围压的增大，岩石脆性破坏特征不显著，应力–应变曲线达到峰值后承载力缓慢降低，逐渐向延性变形破坏发展。在围压 10MPa 条件下，岩石变形以弹性为主，轴向应力达到塑性极限时岩石脆性破坏（应力曲线达到峰值后岩样破坏），样品出现整体贯穿性的张性破裂；压力峰值后，随着承载力持续增加，岩样端面处破坏严重，节理裂隙大量出现（图5.40）。

塔木素预选区巴音戈壁组上段浅层泥岩的力学性能分析表明，预选区浅层泥岩的单轴抗压强度较低（小于 18MPa），且岩石表现为弹性变形和脆性破坏形式；岩石在三轴压缩试验条件下峰值离散型较大，随着围压的增大，部分岩样抗压峰值比个别样品增压前更低，表现出泥岩特征对力学性能的影响，岩石变形也从弹性变形转换为塑性变形。

5.2.3.7　预选区深层泥岩抗压特性试验

塔木素预选区深层泥岩的抗压特性试验所用仪器和试验步骤可参照预选区浅层泥岩样品试验。常温单轴压缩试验数据可见表5.15，应力–应变曲线见图5.41。

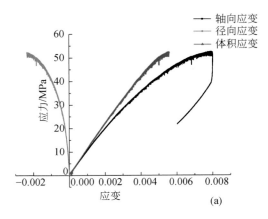

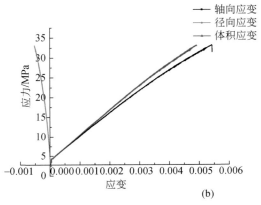

图 5.40　塔木素预选区不同围压下目的层浅层泥岩的三轴应力–应变曲线及样品破坏情况

（a）预选区浅层泥岩三轴 5MPa 围压下应力–应变曲线及试验加载后样品破坏情况，深度 43.70m；

（b）预选区浅层泥岩三轴 10MPa 围压下应力–应变曲线及试验加载后样品破坏情况，深度 58.03m

表 5.15　塔木素预选区目的层深层泥岩常温单轴压缩试验结果

试验组号	样品编号	深度/m	纵波波速/(m/s)	单轴抗压强度/MPa	弹性模量/GPa	变形模量/GPa
1	ZKH0-16-3	650.5	3846	73.55	13.331	11.643
	ZKH0-16-4	650.5	5000	59.48	14.133	6.914
	平均值		4423	66.515	13.732	9.2785
2	ZKH8-14-1	605	4237	128.64	19.346	13.215
	ZKH8-14-3	605	4132	103.93	18.379	15.617
	平均值		4184.5	116.285	18.8625	14.416
3	ZKH24-16-2	600	4032	98.85	16.205	13.562
	ZKH24-16-3	600	5051	92.72	13.903	8.089
	平均值		4541.5	95.785	15.054	10.8255

续表

试验组号	样品编号	深度/m	纵波波速 /(m/s)	单轴抗压 强度/MPa	弹性模量 /GPa	变形模量 /GPa
4	ZKH80-17	614	4348	112.8	29.024	24.237
	ZKH80-17-1	622	4065	117.59	19.665	16.341
	平均值		4206.5	115.195	24.3445	20.289

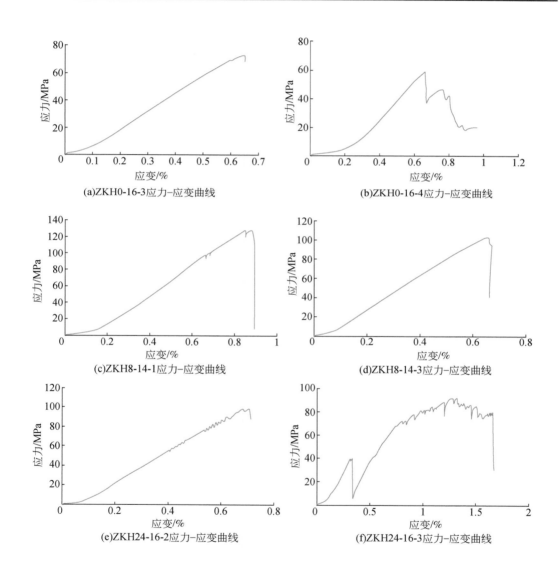

(a)ZKH0-16-3应力-应变曲线

(b)ZKH0-16-4应力-应变曲线

(c)ZKH8-14-1应力-应变曲线

(d)ZKH8-14-3应力-应变曲线

(e)ZKH24-16-2应力-应变曲线

(f)ZKH24-16-3应力-应变曲线

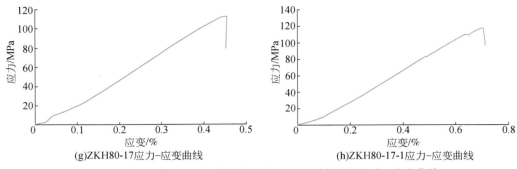

(g)ZKH80-17应力–应变曲线　　　　　　　　(h)ZKH80-17-1应力–应变曲线

图5.41　塔木素预选区目的层深层泥岩常温单轴压缩应力–应变曲线

通过塔木素预选区深层泥岩的单轴压缩试验数据与应力–应变曲线分析可知：岩样在常温下单轴抗压强度整体较高，平均可达94.9MPa。岩样普遍（ZKH8-14、ZKH24-16、ZKH80-17）抗压强度在95MPa以上，ZKH0-16钻孔岩心样品单轴抗压强度相对较小，但也达到了65MPa。在单轴垂直荷载作用下，部分岩样在破坏后随着应变的持续增加应力下降，并在20MPa左右趋于稳定［图5.41（b）］；一些样品损坏后，应变保持不变，应力迅速下降，表现出脆性破坏的特征［图5.41（c）和图5.41（d）］；有的岩样应力–应变曲线在加载过程中出现一次应力迅速下降［图5.41（f）］。表明预选区目的层泥岩受力形变破坏特征主要还是受岩石自身特性的影响，并且目的层泥岩具有一定的自愈合能力和破坏后较高的残余强度。

预选区目的层深层泥岩的常温三轴压缩试验过程及计算公式同上所述，岩样的泊松比计算按《岩石力学试验建议方法》第二章第4节的公式计算［式（5.9）］，其中径向曲线的斜率取值范围同切线弹性模量（E_ε）。

$$\mu = -\frac{\text{轴向应力应变曲线的斜率}}{\text{径向应力应变曲线的斜率}} = -\frac{E_e}{\text{径向曲线的斜率}} \qquad (5.9)$$

式中，E_e为割线弹性模量。

为获得预选区目的层深层泥岩样品在不同围压条件下的短期强度及形变参数，在围压为10MPa、20MPa、30MPa条件下对深层泥岩样品进行常温三轴压缩试验，测试结果见表5.16。图5.42为泥岩样品三轴压缩试验的应力–应变曲线。

表5.16　塔木素预选区目的层深层泥岩常温三轴压缩试验结果

试验组号	样品编号	深度/m	三轴抗压强度/MPa	弹性模量/GPa	围压/MPa	泊松比
1	ZKH16-16-1	650.5	147.26	16.165	10	0.29
	ZKH16-16-2	650.5	130.9	14.262	10	0.25
	平均值		139.08	15.214		0.27
2	ZKH16-16-3	620	293.94	23.281	20	0.28
	ZKH16-16-4	641	250.01	22.329	20	0.28
	平均值		271.98	22.805		0.28

续表

试验组号	样品编号	深度/m	三轴抗压强度/MPa	弹性模量/GPa	围压/MPa	泊松比
3	ZKH16-16-5	643	407.84	26.686	30	0.29
	ZKH16-16-6	643	387.58	27.125	30	0.44
	平均值		397.71	26.906		0.37

通过试验数据和应力-应变曲线分析可知，预选区深层泥岩样品的轴向破坏强度和残余强度随着围压的增大而增大，且伴随着应变增加。应力-应变曲线［图 5.42（a）］中当应力达到最大值时，均出现脆性破坏特征，与围压没有明显的相关性，但在 10MPa 条件下，试样破裂后仍具有一定的承载能力。轴向应力与体积应变之间的关系［图 5.42（b）］表明，样品破裂后应力下降，并伴随着快速的体积膨胀。

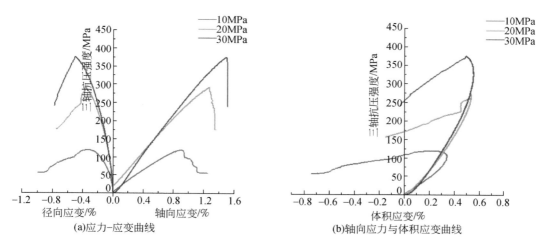

(a)应力-应变曲线　　　　　　　　(b)轴向应力与体积应变曲线

图 5.42　塔木素预选区目的层深层泥岩常温三轴压缩试验的应力-应变曲线

岩样的实际破坏特征见图 5.43（红线为破裂轨迹）。深层泥岩样品在围压 10MPa 条件下显示出典型的脆性破坏特征。当围压为 20MPa 时，岩石表现出拉伸剪切破坏。当围压增加到 30MPa 时，样品显示出明显的剪切破坏（单斜面剪切破坏类型）。

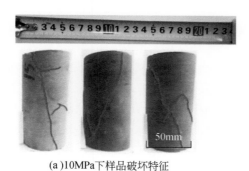

(a)10MPa下样品破坏特征

(b)20MPa下样品破坏特征

(c)30MPa下样品破坏特征

图 5.43　塔木素预选区目的层深层泥岩常温三轴压缩试验下岩石的破坏特征

考虑到高放废物会释放出大量的热量，为了让试验数据更有说服力，保持相同的围压条件（10MPa、20MPa 和 30MPa），在温度分别为 90℃和 60℃条件下进行三轴压缩试验，得出不同温度不同围压下的数据（表 5.17）及应力–应变曲线图（图 5.44）。

表 5.17　塔木素预选区目的层深层泥岩不同温度不同围压下三轴压缩试验结果

样品编号	温度/℃	深度/m	围压/MPa	弹性模量/GPa	抗压强度/MPa	泊松比
ZKH32-19-1	60	550.5	10	20.04	154.72	0.2
ZKH32-19-2	60	556.9	20	28.72	202.33	0.44
ZKH36-32	60	634.65	30	28.45	265.11	0.33
ZKH32-19-3	90	556.9	10	29.76	50.91	0.2
ZKH36-16	90	644.64	20	14.66	82.26	0.26
ZKH32-19-4	90	556.4	30	10.43	100.28	0.24

由预选区目的层深层泥岩样品不同温度不同围压下的三轴压缩试验数据与应力–应变曲线可知，深层泥岩样品在外力作用下发生的变形或破坏与其所处的温度有关（图5.44）。随着温度的增加，应力–应变曲线变化的更为缓慢，且温度越高，岩石的破坏峰值强度越低。当温度达到 90℃，围压在 30MPa 时，岩石的破坏特征变为塑性变形。

塔木素预选区目的层深层泥岩总体抗压强度较高（平均抗压强度达到 94.9MPa），岩石在破碎后仍然存在一个较高的残余强度（约为 20MPa），并且岩石内部微裂隙具有一定的自愈合能力；随着围压的增加，轴向破坏强度、残余强度和泥岩变形也会增加，岩石表现出脆性破坏的特征，并伴随着快速的体积膨胀。考虑到高放废物会释放大量的热量，因此对样品进行了热–力耦合三轴测试，结果表明随着温度的升高，岩石的力学强度有下降

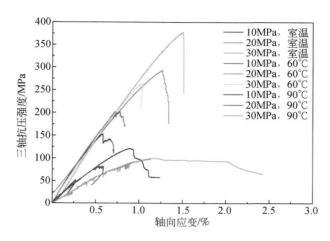

图 5.44 塔木素预选区目的层深层泥岩不同温度不同围压下的应力-应变曲线

的趋势，应力-应变曲线斜率变缓，并在 90℃、30MPa 情况下呈现明显的塑性变形特征。

5.2.3.8 TZK-2 井泥岩抗压强度与破坏特征试验

岩石作为一种天然的复合材料（多种矿物的集合体），其复杂的力学性质是微观结构特性的宏观体现（左建平等，2015）。在长期地质条件作用下，岩石的矿物种类、颗粒排列、孔隙结构和胶结物等特性均十分复杂，所以黏土岩是非均值、各向异性的矿物集合体（曹峰，2012）。因此为了更加准确地反映塔木素预选区目的层泥岩的基础力学性质，选取项目组 2017 年所施工的钻孔（TZK-2 井）不同深度的 15 个巴音戈壁组上段泥岩样品，进一步分析其抗压特性与岩石加载应力后的破坏情况，以获取地质处置库建造的初步工程力学参数。

选取 TZK-2 井 160~685m 不同深度的 15 个巴音戈壁组上段泥岩样品，加工至 φ50mm ×100mm 的标准试样，在东华理工大学土木与建筑工程学院（土木工程实验教学中心）进行抗压特性试验（仪器为 TAW-2000 微机控制电液伺服岩石三轴试验机，采用链式引伸计，以径向变形 0.005mm/min 进行加载控制）。试验结果见表 5.18，应力-应变曲线见图 5.45，样品破坏后状态见图 5.46。

表 5.18 塔木素预选区 TZK-2 井目的层泥岩样品单轴（三轴）压缩试验结果

样品编号	深度/m	抗压强度/MPa	泊松比	弹性模量/GPa	备注
1	160.3	30.41	0.13	6.98	单轴
2	255.6	34.46	0.18	6.08	单轴
3	263.5	56.48	0.17	5.65	5MPa
4	303.2	35.51	0.19	7.79	单轴
5	303.5	66.05	0.22	8.50	5MPa

续表

样品编号	深度/m	抗压强度/MPa	泊松比	弹性模量/GPa	备注
6	304.3	71.38	0.18	9.12	10MPa
7	314.5	60.99	0.18	9.62	5MPa
8	401.2	37.94	0.25	6.93	单轴
9	401.5	56.98	0.17	8.23	5MPa
10	401.9	60.94	0.18	9.64	10MPa
11	403.4	61.56	0.19	10.27	单轴
12	403.6	79.27	0.16	6.51	5MPa
13	404.8	99.67	0.20	11.33	10MPa
14	515.4	68.59	0.20	8.44	单轴
15	685.6	81.91	0.23	8.45	单轴

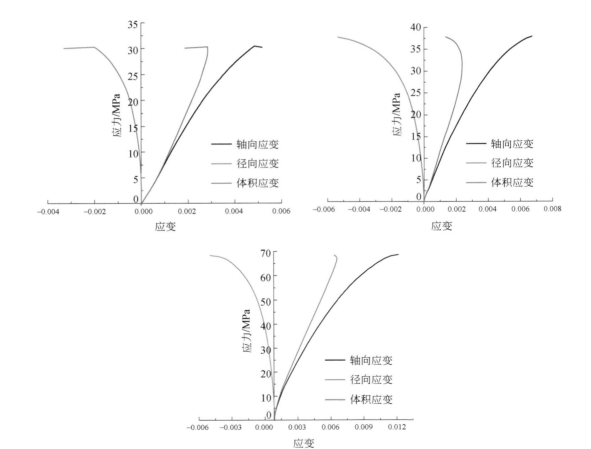

(a)部分样品常规单轴应力-应变曲线

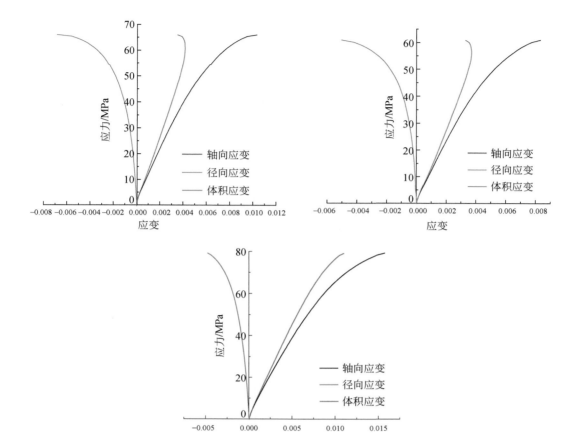

(b)部分样品常温三轴5MPa条件下应力-应变曲线

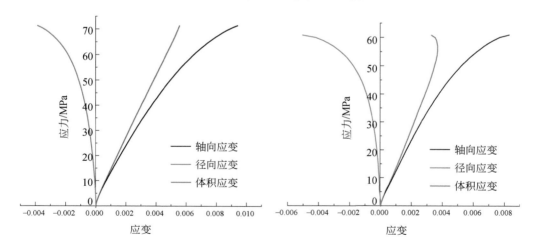

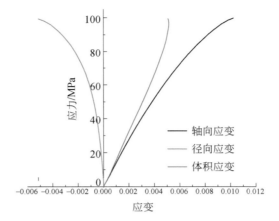

(c)部分样品常温三轴10MPa条件下应力-应变曲线

图 5.45　塔木素预选区 TZK-2 井目的层泥岩样品单轴（三轴）压缩试验应力-应变曲线

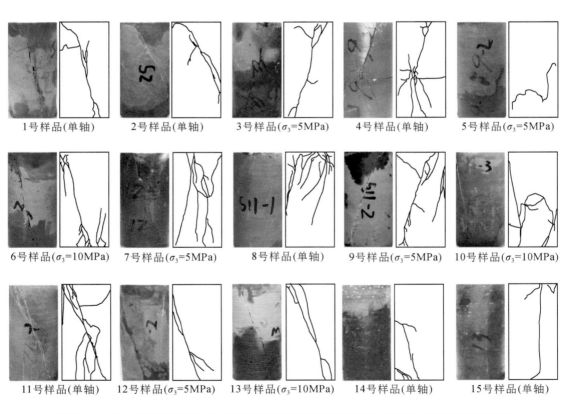

图 5.46　塔木素预选区 TZK-2 井目的层泥岩标准试样及单轴（三轴）压缩试验破坏图

　　TZK-2 井巴音戈壁组上段泥岩单轴抗压强度明显高于预选区其他钻孔浅层泥岩单轴抗压强度，TZK-2 井单轴抗压强度可达 30MPa 左右，但 TZK-2 井巴音戈壁上段下部泥岩抗压强度与预选区深层泥岩抗压强度整体相似，说明预选区泥岩的力学性能主要还是受岩石自身特性的影响。TZK-2 井泥岩在常温单轴、三轴不同围压条件下的应力–应变曲线特征及岩石破坏情况与预选区泥岩抗压特征表现出各向同性。

　　与预选区泥岩类似，TZK-2 井泥岩在单轴压缩试验条件下，岩样的变形以弹性变形为主，轴向应力达到弹性极限状态后，岩样开始产生局部微小破坏，应力–应变曲线产生波动，轴向应力达到峰值应力，岩样在轴向应力作用下被挤压得更加致密，产生局部微小破坏，岩样承载力继续上升，直至脆性破坏。常温围压 5MPa 条件下，岩石应力–应变曲线的变形以塑性变形为主，达到峰值强度时，岩样应力–应变曲线陡降，岩样端面处受压破碎。部分样品在受力时沿着薄弱面破碎（岩样内部发育潜在结构面）。随围压的增大，变形增大，峰值后承载力缓慢降低，脆性破坏特征逐渐向延性变形破坏发展。常温围压 10MPa 条件下，岩石应力–应变曲线变形以弹性变形为主，岩石脆性破坏，达到峰值应力，岩样破坏。在围压作用下，破损岩样尚维持较高承载力。岩石样品出现整体贯穿性的张性破裂时，岩样端面处破坏严重，节理、裂隙大量出现。岩石的轴向破坏强度、残余强度和形变随着围压的增大呈增大的趋势。

　　通过泥岩的弹性模量来评价不同条件下泥岩的变形特征可知，预选区泥岩在 0 ~ 10MPa 区间内弹性模量变化幅度较小，当围压大于 10MPa 后，弹性模量急剧上升；预选区泥岩的抗压强度和弹性模量与深度的变化没有显著的相关性，各围压条件下抗压强度较好，弹性模量离散较为显著，但整体随着围压的增大有增大的趋势。表明岩石的宏观力学特性主要还是受岩石结构和矿物组分的影响，由于岩石的非均质性，岩石的弹性模量会受所处环境与自身结构、构造的共同影响。因此认为在围压作用下，岩石内部的分子（矿物颗粒）接触更为紧密，导致分子间键合强度高，岩石抵抗弹性变形的能力增强。

5.2.4　泥岩热传导特性试验研究

　　高放废物在处置过程中会产生大量的热，温度不仅能影响岩石力学性质，过高的温度甚至可能影响到地质处置库的安全性能。围岩的热传导性能影响着工程屏障与天然屏障接触面的温度及传导范围，是地质处置库选址与安全评价中不可缺少的关键参数。借鉴法国、瑞士等国外地质处置库黏土岩围岩概念模型和安全准则，为确保地质处置库长期稳定，天然屏障的温度设定值最高不超过 100℃（Delage，2010）。因此根据高放废物地质处置库概念与安全准则，对塔木素预选区巴音戈壁组上段泥岩的热传导性能进行分析，并对目的层泥岩开展热扩散和比热容研究，为塔木素预选区泥岩热力学性质初步评价提供基础数据，并为我国高放废物地质处置库后续研究提供基础热学参数。

5.2.4.1　预选区泥岩热传导试验

　　热传导试验样品选自预选区 TZK-2 井 123 ~ 775m 范围内的巴音戈壁组上段泥岩岩心，以约 25m 的深度间隔选取了 31 个岩心样品（图 5.47）。试验在东华理工大学土木与建筑工程学院（土木工程实验教学中心）完成，每个岩心样品精加工成一面光滑平整的两个岩块（使两个岩块的端面能够严密贴合，均不小于 $\phi30mm\times3mm$ 标准的试样），将两个岩块作为一组试验样品，最终制备出 20 个合格的热传导试验样品（部分岩心因制样过程岩心破坏无法获得合格试样）。试验采用西安夏溪电子科技有限公司基于瞬态热线法原理研发的 TC3000E 便携式导热系数仪，通过监测加热丝的温度变化引起的阻值变化求得样品的热传导系数（王岩，2017；陈驰等，2020），每组样品测试 3 次，单一测量值与平均值的偏差均不超过 5%，符合《非金属固体材料导热系数的测定热线法》（GB/T 10297—2015）的规定，测试结果有效。塔木素预选区目的层泥岩的热传导系数见表 5.19。

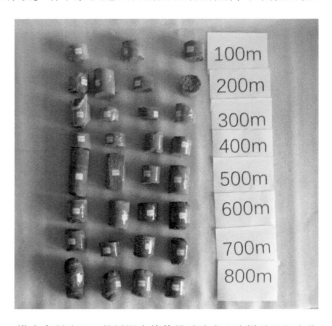

图 5.47　塔木素预选区目的层泥岩热传导试验岩心取样品及深度位置对应图

表 5.19　塔木素预选区 TZK-2 井目的层不同深度泥岩热传导系数

深度/m	热传导系数/［W/(m·K)］			
	第一次	第二次	第三次	平均
123	0.866	0.870	0.871	0.869
203	0.919	0.929	0.941	0.930
303	1.008	1.011	1.017	1.012
351	0.972	0.973	0.978	0.974
380	1.159	1.167	1.214	1.180
392	1.211	1.214	1.222	1.216
427	1.231	1.245	1.269	1.248
453	1.162	1.180	1.190	1.177

续表

深度/m	热传导系数/[W/(m·K)]			
	第一次	第二次	第三次	平均
474	1.371	1.372	1.379	1.374
501	1.284	1.298	1.314	1.299
524	1.476	1.450	1.473	1.466
550	1.478	1.482	1.503	1.488
602	1.419	1.441	1.441	1.434
628	1.518	1.525	1.482	1.508
653	1.443	1.448	1.465	1.452
675	1.571	1.575	1.584	1.577
698	1.427	1.445	1.469	1.447
725	1.677	1.708	1.723	1.703
748	1.72	1.758	1.776	1.751
775	1.547	1.549	1.553	1.550

根据测试结果绘制出 TZK-2 井巴音戈壁组上段不同深度泥岩的热传导系数关系图，并据此分析泥岩热传导性能随深度变化的关系及规律（图 5.48）。根据分析测试结果，塔木素预选区巴音戈壁组上段泥岩的热传导系数随着深度的增加呈逐渐增大的趋势，线性拟合度较高（R^2 接近于 1），变化范围为 0.869 ~ 1.751W/(m·K)[图 5.48（a）]。450m 深度以上的泥岩热传导系数随深度增加而稳定增加，起伏程度较小，趋势拟合度高；450m 深度以下的泥岩热传导系数趋势线的拟合程度较低，变化起伏较大[图 5.48（b）]。表明预选区泥岩均一性良好，岩石中各矿物含量虽有差异，但矿物成分稳定，且岩石的热传导性主要受到其自身结构、构造影响。深部岩石的孔隙度或岩石后期孔隙、微裂隙等构造是影响岩石热传导性能的主要因素（图 5.49）。

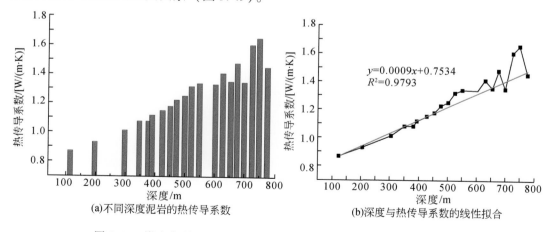

(a)不同深度泥岩的热传导系数   (b)深度与热传导系数的线性拟合

图 5.48 塔木素预选区 TZK-2 井目的层泥岩深度对热传导系数的影响

(a)后期孔隙构造，充填物为碳酸盐矿物　　　(b)后期网脉状构造，充填物为碳酸盐矿物

图 5.49　塔木素预选区目的层泥岩结构、构造

5.2.4.2　目的层泥岩热传导试验

为获得高放废物地质处置库目的层泥岩的详细热学性能参数，根据高放废物地质处置库黏土岩场址筛选导则，选取 TZK-2 井埋深在 540~575m 范围内的泥岩开展更具针对性的热传导试验，获得预选区泥岩干燥条件下的热传导系数、热扩散系数和比热容。试验过程中共制备了 6 对表面光滑的圆柱体岩样，根据岩心编号，将与其对应的 1 对岩样划分为 1 组（如岩样 T-2C-1 和 T-2C-2 对应于 T-2C），进行岩样的热传导试验（加工成的岩样如图 5.50 所示）。

(a)岩样T-2C-1和T-2C-2　　　　　　　　(b)岩样T-3B-1和T-3B-2

(c)岩样T-3C-1和T-3C-2　　　　　　　　(d)岩样T-3D-1和T-3D-2

(e)岩样T-2E-1和T-2E-2　　　　　　　　(f)岩样T-2E-3和T-2E-4

图 5.50　塔木素预选区 TZK-2 井目的层泥岩热传导试验样品

测试前，根据国际岩石力学学会建议的方法，把所有岩样放入恒温干燥箱内进行烘干处理（24h），随后称重并计算岩样的块体干密度，最后把岩样放入干燥皿中进行热传导试验。加工好的岩样尺寸及密度等基本信息见表 5.20。

表 5.20　塔木素预选区目的层泥岩试验样品基本信息

样品编号	深度/m	样品号	直径/mm	高度/mm	块体密度/ (g/cm^3)
T-2C	573.80	T-2C-1	49.91	24.89	2.45
	573.80	T-2C-2	49.88	24.84	2.50
T-3B	542.58	T-3B-1	49.89	25.03	2.27
	542.58	T-3B-2	49.86	25.02	2.27
T-3C	542.78	T-3C-1	49.88	24.88	2.27
	542.78	T-3C-2	49.93	25.02	2.28
T-3D	573.02	T-3D-1	49.93	25.06	2.34
	573.02	T-3D-2	49.96	25.08	2.27
T-2E	573.07	T-2E-1	50.01	24.94	2.48
	573.07	T-2E-2	49.97	24.95	2.54
	573.07	T-2E-3	50.01	24.94	2.47
	573.07	T-2E-4	50.05	25.00	2.49

通过上述岩样室内热传导试验，得出塔木素预选区目的层泥岩的热传导系数、比热容和热扩散系数，见表 5.21。

根据预选区目的层泥岩的热传导试验数据，对其比热容和热传导系数与深度之间的关系进行初步评价研究（图 5.51）。在 542m 深度附近岩样热传导系数为 1.090 ~ 1.153W/（m·K），平均热传导系数为 1.120W/（m·K）；比热容为 743.601 ~ 803.956J/（kg·K），平均比热容为 778.407J/（kg·K）；热扩散系数为 0.606 ~ 0.673mm²/s，平均热扩散系数为

0.629mm²/s；在 573m 深度附近岩样热传导系数为 1.546~1.569W/(m·K)，平均热传导系数为 1.638W/(m·K)；比热容为 658.167~796.774J/(kg·K)，平均比热容为 690.98J/(kg·K)；热扩散系数为 0.936~1.030mm²/s，平均热扩散系数为 0.959mm²/s。埋藏深度越深的泥岩热传导性能越好，推测其原因可能是随着深度的增加，地应力水平不断提升，泥岩在长期地应力作用下，内部孔隙被压缩，结构更致密，矿物间接触更密集，因此孔隙中的热量传递方式逐渐从热辐射转变为热传导，更加有利于热量的传递；并且深部泥岩样品多见后期孔隙和微裂隙构造［图 5.49（e）（f）］，会加大泥岩的热传导性能，这也与前述试验研究结果得出的结论相符合。

表 5.21　塔木素预选区目的层泥岩热传导试验结果

岩样编号	热扩散系数 /(mm²/s)	热传导系数 /[W/(m·K)]	比热容 /[J/(kg·K)]
T-2C	1.034	1.571	614.141
	1.020	1.564	619.798
	1.037	1.572	612.525
T-3B	0.613	1.091	784.581
	0.607	1.088	789.427
	0.608	1.090	788.987
T-3C	0.601	1.106	809.231
	0.605	1.108	804.396
	0.611	1.111	798.681
T-3D	0.674	1.154	742.733
	0.669	1.152	746.638
	0.675	1.154	741.866
T-2E	0.936	1.545	657.371
	0.946	1.548	652.191
	0.925	1.544	664.940
	0.903	1.803	804.839
	0.897	1.802	810.081
	0.933	1.794	775.000

5.2.5　泥岩孔隙、渗透特性试验研究

高放废物地质处置库关闭且地下水重新饱和之后，随着时间的推移以及地下水对工程屏障的侵蚀和破坏，放射性有害物质最终将溶解于地下水中，并随着地下水一道迁移穿过

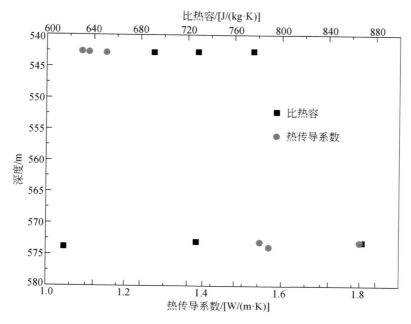

图 5.51 塔木素预选区目的层泥岩比热容和热传导系数与深度的关系

天然屏障，最终到达生物圈（郭永海和王驹，2007；郭永海等，2004）。为了保证人类的安全不受威胁，地质处置库场址的围岩（天然屏障）一方面应具有较强的有害核素吸附能力，或与水溶液中有害元素发生化学反应，从而减缓核素迁移速度；另一方面围岩的孔隙度、渗透率应尽可能低，从而延长核素在地下水中的滞留时间，达到阻碍有害物质在地层内快速迁移的目的。因此开展预选区目的层泥岩的气体孔隙度、气体渗透率及渗流–应力耦合等分析测试和初步评价非常必要且具有重要科学意义。

5.2.5.1 塔木素预选区目的层泥岩气体孔隙度试验

根据波义耳定律测定预选区目的层泥岩的气体孔隙度：在体积一定的岩心杯中放入样品，其固相（颗粒）体积越小则岩心杯中剩余的空气体积便越大，室内的空气就越容易被压缩，压力也越低，反之，当放入岩心杯内的岩样固相体积越大，压力也越高，根据压力的大小就可测得岩样的固相体积。样品加工成 $\phi25\times20\mathrm{mm} \sim \phi25\times80\mathrm{mm}$ 的标准岩样，采用 KXD-II 型孔隙度渗透率联测仪，在氮气（或空气）介质条件下测试预选区目的层泥岩的气体孔隙度。气体孔隙度可测范围为 $0.1\% \sim 40\%$，测试误差小于 0.5%，试验结果见表 5.22。分析测试结果表明，预选区目的层泥岩气体孔隙度整体较小，最小为 5.51%，最大仅有 10.99%，平均气体孔隙度约为 8.19%；远低于瑞士 Opalinus 黏土岩的孔隙度（孔隙度为 $14\% \sim 24.7\%$）；也低于法国 Callovo-Oxfordian 黏土岩（孔隙度为 $9\% \sim 18\%$），塔木素预选区目的层泥岩孔隙度能满足不透水泥岩作为地质处置库围岩的孔隙度指标要求，能满足高放废物地质处置库黏土岩场址筛选导则中关于岩石孔隙度参数的安全要求。

表 5. 22　塔木素预选区目的层泥岩气体孔隙度测试结果

序号	钻孔号	岩心编号	岩心直径 /cm	岩心长度 /cm	质量/g	孔隙体积 /cm³	气体孔隙度 /%
1	ZKH8-14	608-3# （1）垂	2.530	4.354	54.586	1.696	7.75
2	ZKH8-14	608-3# （2）垂	2.542	3.808	47.283	1.952	10.10
3	ZKH8-14	726-1#横	2.546	5.198	63.316	3.073	10.99
4	ZKH8-14	726-2#横	2.534	5.912	70.749	2.908	10.31
5	ZKH8-14	608-2# （1）垂	2.532	5.717	70.963	2.216	7.70
6	ZKH8-14	608-2# （2）垂	2.540	3.465	43.495	1.260	7.18
7	ZKH8-14	617-1#横	2.537	4.590	57.262	1.423	6.13
8	ZKH8-14	617-2#横	2.542	5.194	64.664	1.452	5.51
9	ZKH8-14	608-1#横	2.538	4.804	59.786	1.934	7.96
10	ZKH8-14	608-2#横	2.538	5.282	65.583	1.984	7.43
11	ZKH8-14	726-1#垂	2.550	7.980	97.001	3.718	9.13

5.2.5.2　预选区目的层泥岩气体渗透率试验

在一定的压差条件下，岩石允许流体通过的性质称为岩石的渗透性，从数量上度量岩石的渗透性就称为岩石的渗透率。为探讨塔木素预选区目的层泥岩的气体渗透率大小，利用核工业二〇八大队的施工钻孔 ZKH8-14 的岩心，选取 608~726m 深度的 15 个泥岩样品，采用 KXD-II 型孔隙度渗透率联测仪进行气体渗透率试验。因为达西定律计算岩石的渗透率是以不可压缩流体（液体）为基础的，而本节所采用的岩石气体渗透率试验是以气体作为介质的，由于气体是压缩流体（压力增加时，气体能被压缩，当压力降低时，气体就发生膨胀），所以采用波义耳定律对达西方程式进行修正，用于预选区目的层泥岩气体渗透率试验，具体见式（5.10）：

$$K = \frac{2P_0 Q_0 u_g L}{A(P_1^2 - P_2^2)} \tag{5.10}$$

式中：A 为岩石横截面积；L 为岩石厚度；P_0 为标准状况下压力；P_1 为仪器进口压力；P_2 为仪器出口压力；Q_0 为标准状况下气体的体积流量；u_g 为气体的黏度。计算得出预选区目的层泥岩的气体渗透率，见表 5.23。由测试结果可知，塔木素预选区目的层泥岩气体渗透率较低，介于 $1 \times 10^{-17} \sim 1 \times 10^{-16} m^2$。

表 5. 23　塔木素预选区目的层泥岩气体渗透率分析测试结果

序号	钻孔号	岩心编号	岩心直径 /cm	岩心长度 /cm	质量/g	气体渗透率 /m²
1	ZKH8-14	608-3# （1）垂	2.530	4.354	54.586	9.43×10^{-17}
2	ZKH8-14	608-3# （2）垂	2.542	3.808	47.283	6.66×10^{-17}
3	ZKH8-14	726-1#横	2.546	5.198	63.316	5.06×10^{-16}

续表

序号	钻孔号	岩心编号	岩心直径 /cm	岩心长度 /cm	质量/g	气体渗透率 /m²
4	ZKH8-14	726-2#横	2.534	5.912	70.749	3.06×10⁻¹⁷
5	ZKH8-14	608-2#（1）垂	2.532	5.717	70.963	3.06×10⁻¹⁷
6	ZKH8-14	608-2#（2）垂	2.540	3.465	43.495	2.06×10⁻¹⁷
7	ZKH8-14	617-1#横	2.537	4.590	57.262	3.07×10⁻¹⁷
8	ZKH8-14	617-2#横	2.542	5.194	64.664	2.98×10⁻¹⁷
9	ZKH8-14	608-1#横	2.538	4.804	59.786	8.59×10⁻¹⁷
10	ZKH8-14	608-2#横	2.538	5.282	65.583	1.88×10⁻¹⁶
11	ZKH8-14	726-1#垂	2.550	7.980	97.001	4.04×10⁻¹⁷
12	ZKH8-14	726-2#垂	2.548	8.680	105.668	2.88×10⁻¹⁷
13	ZKH8-14	608-1#垂	2.544	8.178	102.287	3.14×10⁻¹⁷
14	ZKH8-14	617-1#垂	2.546	9.040	114.486	1.66×10⁻¹⁷
15	ZKH8-14	617-2#垂	2.546	8.608	108.954	2.02×10⁻¹⁷

5.2.5.3 预选区目的层泥岩渗流–应力耦合试验

采用非稳定流法获得岩体相对渗透率曲线，以初步评价预选区目的层泥岩渗流–应力耦合关系。非稳定流法是一种基于外部注水驱动来确定岩样相对渗透率的方法。水驱油过程中，流体（水、油）饱和度是距离和时间的函数。利用天然岩样模型（一维）的非稳定水驱油过程资料，根据一维两相流动公式计算流体的相对渗透率和含水饱和度，并得到相关曲线。试验采用江苏联友科研仪器有限公司的岩石渗透分析仪，进口 MOX C168H 数字采集控制卡进行试验与数字化采集传输。分别选取 ZKH8-14 井 726-1#垂、726-2#横和 608-2#（1）垂进行渗流–应力耦合试验，试验岩样基本参数见表 5.24。

表 5.24 塔木素预选区 ZKH8-14 井目的层泥岩渗流–应力耦合试验岩样基本参数

岩心编号	岩心深度/m	岩心直径/cm	岩心长度/cm	孔隙度/%	气体渗透率 /m²
726-1#垂	726	2.550	7.980	9.13	4.04×10⁻¹⁷
726-2#横	726	2.534	5.912	10.31	3.06×10⁻¹⁷
608-2#（1）垂	608	2.532	5.717	7.70	3.06×10⁻¹⁷

岩石非常致密时，存在启动压力梯度。当驱动压力梯度非常小时，液体将无法流动；仅当驱动压力梯度达到一定值（启动压力梯度）时，液体才开始流动（图 5.52）。图 5.52 中 a 点为液体开始流动的启动压力梯度。当压力梯度处于较低的范围时，渗流速度将非线性变化，即 ad 线段。随着压力梯度的增大，渗流曲线逐渐从非线性渗流过渡到线性渗流，

de 线段为达西渗流直线段。线性与非线性的交点 d 称为临界点，相对应 d 的速度为临界速度，压力梯度为临界压力梯度。c 是线性扩展和压力梯度坐标之间的交点，通常称为伪启动压力梯度。显然，de 线及其延长线不通过原点坐标。

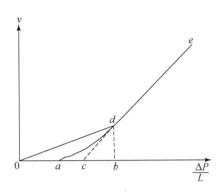

图 5.52　低渗透非线性渗流特征曲线

对 608-2#（1）垂和 726-2#横岩样进行渗流–应力耦合试验，岩样出液时渗透压力即为启动压力梯度。对于 608-2#（1）垂岩样，岩样在渗压 20MPa 时出液。对于 726-2#横岩样，岩石加载过程中，当渗压 20MPa 时，岩样不出液；当渗压 25MPa 时，岩样出液。说明岩石的启动压力梯度在 20~25MPa，与层理垂直的岩样启动压力梯度更低。然而，进行卸载试验时，当渗压降到 15MPa 时，岩样依然出液，说明加载过程和卸载过程不同。卸载阶段，应该降到岩心的毛管压力后才会停止出液。

对 726-2#横岩样进行了渗压 25MPa，围压 27MPa 和 30MPa 的试验，以及围压 30MPa 条件下降低渗压的试验；试验结果见表 5.25 和表 5.26；对于 608-2#（1）垂岩样，进行了渗压 20MPa，围压 27MPa 和 30MPa 的试验，结果见表 5.27。

表 5.25　塔木素预选区 ZKH8-14 井 726-2#横岩样试验结果

渗压/MPa	围压/MPa	渗透率/m²
25	27	3.06×10^{-20}
25	30	2.56×10^{-20}

表 5.26　塔木素预选区 ZKH8-14 井 726-2#横岩样降渗压试验结果

围压/MPa	渗压/MPa	渗透率/m²
30	18.37	1.21×10^{-20}
30	18.22	1.37×10^{-20}
30	17.78	1.32×10^{-20}
30	17.67	1.48×10^{-20}
30	17.58	1.26×10^{-20}

续表

围压/MPa	渗压/MPa	渗透率/m²
30	17.17	1.37×10^{-20}
30	15.48	1.13×10^{-20}

表 5.27　塔木素预选区 ZKH8-14 井 608-2#（1）垂岩样试验结果

渗压/MPa	围压/MPa	渗透率/m²
20	27	1.47×10^{-20}
20	30	0.65×10^{-20}

根据上述试验结果，726-2#横岩样在同等围压情况下，随着渗压的降低，渗透率没有明显的变化；608-2#（1）垂岩样在同等渗压情况下，随着围压的增加，渗透率明显降低。表明岩石自身结构、构造对渗透系数有一定影响，随着压力的增加，岩石内部的微裂隙、微孔洞缩小，导致泥岩更致密，渗透率相应更低。

通过预选区目的层泥岩渗透特性试验可知，塔木素预选区泥岩气体渗透率为 1×10^{-17} ~1×10^{-16} m²，液测渗透率低至 1×10^{-20} m²，与国外黏土岩地处置库场址中所选的黏土岩围岩相关参数进行比较（法国为 1×10^{-20} ~1×10^{-18} m²，瑞士为 2×10^{-21} ~1×10^{-19} m²，比利时为 1×10^{-19} m²），塔木素预选区泥岩渗透率更低，能有效阻止核素迁移。

5.3　塔木素预选区目的层泥岩特征总结

项目组于 2017 年 6 月 21 日至 2017 年 8 月 30 日在塔木素预选区实施深部钻探工程。通过对岩心样品的岩石学特征、地球化学元素特性及力学性能的研究表明：

（1）巴音戈壁组上段浅层和深层泥岩在构造背景、物源属性上具有一致性，而在主要矿物构成及力学性能和含水率方面存在差异。

（2）深层泥岩力学性能及含水率优于浅层泥岩，且均接近或者优于 Opalinus 黏土岩和 Callovo-Oxfordian 黏土岩。

综合核工业二〇八大队的钻孔资料以及预选区浅层地震解释数据，采用井震结合的手段，利用连井剖面对目的层泥岩垂向连续厚度及平面展布范围进行了确定，初步厘定了目的层厚层泥岩的空间展布特征，为塔木素预选区推荐重点工作区提供科学依据。

沉积相分析结果表明，塔木素预选区巴音戈壁组上段（目的层）总体为扇三角洲-湖泊沉积体系下的碎屑建造，湖盆范围在巴音戈壁组上段第一岩性段（K_1b^{2-1}）即 MSC1 时期最大。目的层泥岩在垂向上可划分为两个连续厚度超过 200m 的泥岩层位，第一个层位的泥岩埋深较浅，以灰白色块状泥岩为主，其深度范围为地表以下 10m 至地表以下约 450m，空间延展性好，分布广泛；第二个层位的泥岩埋深为 500~800m，以深灰色块状泥岩为主，其地下展布范围大于第一个层位的泥岩。

6 苏宏图预选区地质条件研究

6.1 苏宏图预选区区域地质调查及遥感解译

6.1.1 苏宏图预选区区域地质调查概况

苏宏图预选区地理坐标为东经 104°31′00″ ~ 104°52′47″，北纬 41°15′50″ ~ 41°26′37″，总面积为550km²。高放废物地质处置库黏土场址筛选与调查项目的实施设计了苏宏图预选区1:5万区域地表地质调查路线10条（图6.1），实际完成了野外地质调查路线共计13条，路线总长度为181.27km，定地质点138个，平均1.3km定一个地质点。苏宏图预选区野外地质调查路线以穿越路线为主、追索路线为辅，调查内容包括地层、构造、地貌等。

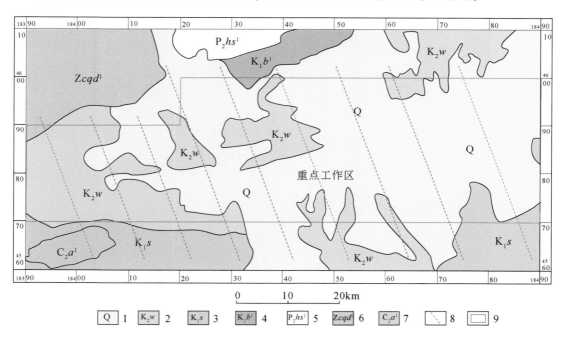

图 6.1 苏宏图预选区区域地质调查设计调查路线图
1-第四系；2-乌兰苏海组；3-苏红图组；4-巴音戈壁组下段；5-哈尔苏海群；6-切刀群；
7-阿木山组；8-设计调查路线；9-重点工作区

预选区地表主要覆盖第四系湖积、洪积砂质黏土和风积砂砾土（图6.2）。下白垩统巴音戈壁组为砖红色钙质砂岩、粉砂岩及泥岩，偶见少量石膏夹层，南部为火山岩分布区。沿途植被较少，地表广泛覆盖第四系风积黄砂及洪积砾石，砾石的成分复杂，砾石砾径大小不等，偶尔见巨型砾石，分选性、磨圆度差。以下列举路线 L5000、L5015、L5025 和 L5030 对苏宏图预选区地质调查结果进行简单描述。

|(a)|(b)|

图 6.2　苏宏图预选区第四系风积沙（a）和第四系湖积砂质黏土（b）

　　L5000 路线方向从北往南走，路线总长度为 21092.13m。地质点共 10 个，其中地质界线点有 7 个。平均 2109.21m 路线含 1 个地质点，平均 1240.71m 路线含 1 个地质点或点间界线。照片点有 10 个，共计 44 张照片。由北往南沿途穿过的地层有：第四系湖积层（Q_h^l）、白垩系（K_2）、第四系风积层（Q_h^{eol}）和上白垩统乌兰苏海组（K_2w）。沿途可见第四系洪积砾石及黑色的残积破碎岩石，分选性、磨圆度差，成分不详，植被覆盖率约 10%。沿途第四系湖积层土质比较疏松，偶尔可见方解石条带和第四系洪积砾石（图 6.3）。

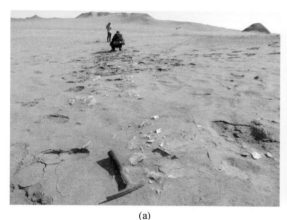 

|(a)|(b)|

图 6.3　苏宏图预选区 L5000 路线第四系湖积层（a）和第四系洪积砾石（b）

　　L5015 路线方向从北往南走，路线总长度为 21809.50m。地质点有 12 个，其中地质界线点有 2 个，平均 1817.46m 路线含 1 个地质点，平均 1557.82m 路线含 1 个地质点或点间界线。照片点有 12 个，共 48 张照片。沿途经过的地层有第四系湖积层（Q_h^l）、第四系洪积层（Q_p^{31}）、第四系风积砂（Q_h^{eol}）。途中经过干涸的湖盆，见大量高度 1~4m 不等的小土包夹大量枯树根，地表见残积破碎岩石，植被覆盖率约 10%。沿途主要地貌见图 6.4。

图 6.4　苏宏图预选区 L5015 路线第四系湖积层（a）和第四系洪积砾石（b）

　　L5025 路线方向从南往北走，路线总长度为 20966.34m。地质点共 15 个，平均 1397.76m 路线含一个地质点，平均 1397.76m 路线含一个地质点或点间界线。照片点有 15 个。由北往南沿途穿过的地层有第四系湖积层（Q_h^l）第四系风积层（Q_h^{eol}）。沿途可见第四系洪积砾石及黑色的残积破碎岩石，分选性、磨圆度差，成分不详，植被覆盖率约 15%。沿途典型地貌见图 6.5。

图 6.5　苏宏图预选区 L5025 路线风积地貌（a）和湖积地貌（b）

　　L5030 路线方向从北往南走，路线总长度为 21464.58m。12 个地质点，6 个地质界线点，照片点 12 个。路线依次见第四系湖积层（Q_h^l）、第四系风积层（Q_h^{eol}）、第四系洪积层（Q_p^{31}）及上白垩统乌兰苏海组（K_2w）。岩性为第四系湖积砖红色黏土质粉砂岩、第四系风积土黄色细砂、第四系洪积砖红色泥质粉砂岩及上白垩统乌兰苏海组橘红色细砂岩。整条路线地表北面经过湖积地层时基本无植被，主要见泥裂现象，至第四系风积层时地表主要被土黄色细砂覆盖，进入牧民草场后见梭梭林。路线南段也主要被土黄色细砂覆盖，植被覆盖率约5%。典型地貌见图6.6。

(a)   (b)

图6.6 苏宏图预选区L5030路线第四系风积砂（a）和梭梭林地貌（b）

综合前人研究成果和苏宏图预选区野外地质调查，在苏宏图预选区进行 SZK-1 和 SZK-2钻井施工并取岩心样品（图6.7）。

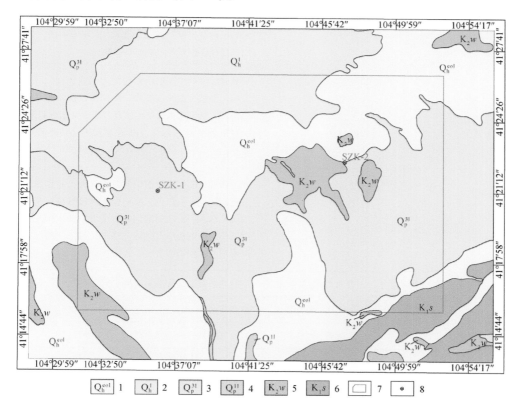

图6.7 苏宏图预选区钻孔取样位置

1-第四系风积层；2-第四系湖积层；3-第四系上更新统洪积层；4-第四系下更新统洪积层；
5-上白垩统乌兰苏海组；6-下白垩统苏红图组；7-预选区；8-钻孔位置

6.1.2　苏宏图预选区遥感地质解译

　　苏宏图预选区遥感地质解译范围为东经 104°24′00″ ~ 105°00′00″，北纬 41°10′00″ ~ 41°33′00″。苏宏图预选区位于 P131R031 影像内选择了 2000 年 8 月 28 日的 ETM+图像。按精度要求对原始遥感图像进行彩色合成、空间分辨率融合、几何校正等处理工作，获得了苏宏图预选区 1∶50000 遥感图像（图6.8）。根据遥感图像的显示程度，对苏宏图预选区划分出 11 个遥感解译图像单元，并分别建立相应的解译标志。根据断裂构造的图像特征和解译标志，在苏宏图预选区共解译出规模大小不等的断裂构造 18 条，主要分布于预选区的南部。主要断裂有 7 条（图6.9），具体遥感解译标志见表6.1。

表 6.1　苏宏图预选区线性构造解译标志一览表

断层编号	长度/km	断层产状	图像解译标志
F1	2.67	北西–南东走向	断层两侧地貌类型差异大。断层两侧岩石地层相同。断层北东侧图像光滑，地势平缓，具有近南北向条带状纹理。断层南西侧图像呈"麻点"状，影纹粗糙，"麻点"为系列山包
F2	1.85	近东西走向	地貌延伸被错断。图像中北西–南东走向的"麻点"状山包延伸在断层经过处突然截断
F3	13.25	北东–南西走向	线状脊垅地貌，断层两侧地貌类型差异大。沿断层走向方向，断续存在一些脊垅。断层南西段，断层南东侧图像平滑，具有北东延伸的纹理，而断层北西侧图像粗糙，纹理呈近东西向延伸。断层北东段，具有直线状影纹特征
F4	24.9	近东西走向	断层西段，断层两侧图像颜色差异大，北侧图像呈浅肉红色、灰色、灰白色，南侧图像呈鲜红色。北侧地层走向为北东东向，断层南侧地层为近东西走向。在断层接触部位，两侧地层走向呈"顶牛"现象。断层东段，主要表现为直线状沟谷
F5	9.46	南西西–北东东走向	直线状沟谷，沟谷横剖面呈"V"字形
F6	8.39	南西–北东走向	直线状河谷
F7	9.47	南西–北东走向	直线状沟谷，沟谷横剖面呈"V"字形

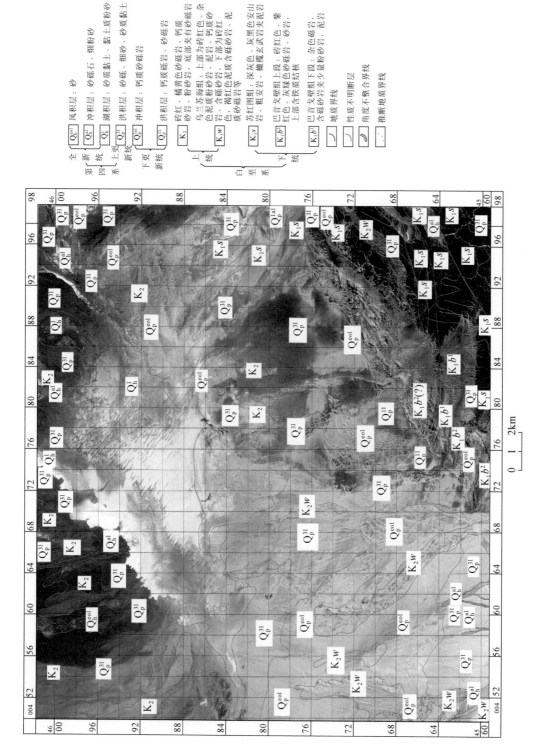

图 6.8　苏宏图预选区遥感解译图

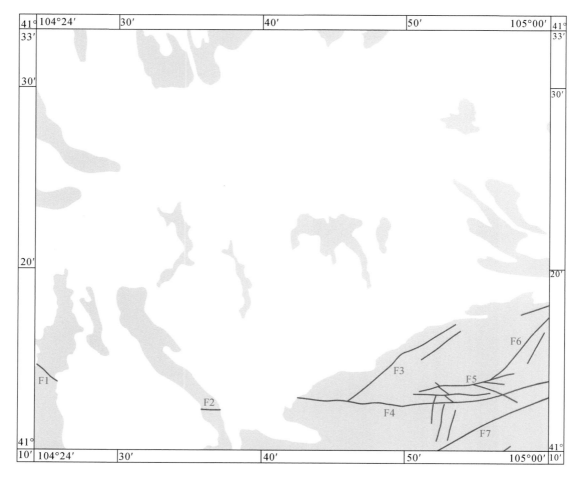

图 6.9　苏宏图预选区遥感线性构造解译图
白色区为第四系覆盖区；灰色为基岩出露区

6.2　苏宏图预选区黏土岩岩石学特征

6.2.1　宏观特征

　　苏宏图预选区黏土岩分布范围较广泛，连续厚度大、均一性较好。通过野外岩心手标本观察与钻孔编录，该地区以砖红色黏土岩为主，部分呈灰绿色，底部可见褐红色，整体岩心破碎程度一般，局部比较破碎，岩石的力学性质较差。整口井可见脉状、网脉状、块状石膏充填于泥岩的裂隙中，也见绿色泥岩呈斑点状充填。将粉砂含量在 25%～50%，泥质含量达 50%～75% 的岩样定名为粉砂质泥岩，泥质结构。泥质含量大于 85% 的岩样定名为泥岩。据苏宏图预选区 SZK-1 井的岩心编录及野外地质编录，将苏宏图预选区的黏土岩细分为砖红色黏土岩、砖红色泥质粉砂岩、灰绿色泥质粉砂岩、紫红色黏土岩。整口井较常见的为砖红色黏土岩，块状构造，泥质含量约为75%，整段岩石发育较为完整；部分岩心可见灰绿色泥质粉砂岩与砖红色泥质粉砂岩互层，亦可见石膏层充填裂隙。砖红色泥质粉砂岩在整口井中分布较多，粉砂质结构，块状构造，粉砂质含量约为80%。灰绿色泥质粉砂岩在井中分布相对较少，呈不规则状充填于黏土岩中；灰绿色黏土岩呈不连续产出于钻孔中，泥质结构，孔隙较为发育，块状构造，泥质含量与砖红色黏土岩相近，推测可能是砖红色黏土岩遭受该区玄武岩喷发时所产生的热液影响所致。紫红色黏土岩多在较深处出现，泥质结构，块状构造，泥质含量约为80%，整段岩石较为完整，断面极为光滑，上部岩心力学性质较差，越往下力学性质较好。部分黏土岩岩心样见图6.10。

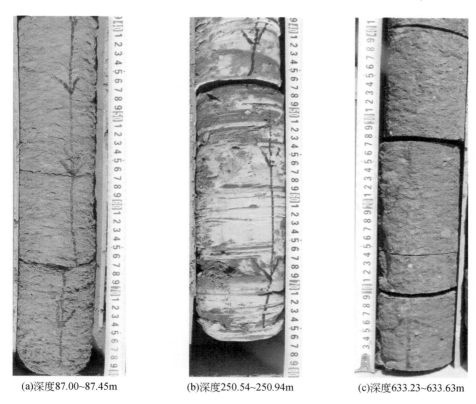

(a)深度87.00~87.45m　　(b)深度250.54~250.94m　　(c)深度633.23~633.63m

图6.10　苏宏图预选区 SZK-1 井砖红色黏土岩（a）、灰绿色黏土岩（b）、紫红色黏土岩（c）

6.2.2　矿物组成

多晶 X 射线衍射法是物相分析的一种主要方法，常用来判断矿物的组成。多晶 X 射线衍射分析的实验仪器为德国布鲁克 D8ADVANCE，Cu 靶，X 光管电压≤40KV，电流≤40mA，扫描范围 0°~140°，测角仪精度为 0.0001°，准确度≤0.02°。实验测试的样品全部来自项目组所施工的两个钻孔，共采集了苏宏图 SZK-1 和 SZK-2 井的 51 件岩心样品，研磨至过 200 目筛的黏土岩粉末，样品测试工作由东华理工大学核资源与环境国家重点实验室的多晶 X 射线衍射实验室完成。

SZK-1 井 31 件岩心样品分析测试结果见表 6.2。伊利石含量在 13.52%~51.49%，平均值为 30.78%；石英含量在 3.43%~45.68%，平均值为 14.81%；钠长石含量在 3.99%~32.85%，平均值为 19.06%。高岭石含量在 2.3%~5.96%，平均值为 4.55%；绿泥石含量在 2.09%~6.52%，平均值为 4.37%；蒙脱石含量在 0.11%~0.67%，平均值为 0.32%。方解石含量在 0.21%~13.61%，平均值为 4.06%；白云母含量在 1.58%~16.08%，平均值为 6.52%。方沸石、白云石、顽火辉石和石膏平均含量分别为 4.48%、0.87%、6.12% 和 4.09%。SZK-1 井 31 件岩心样品的黏土矿物平均含量为 40.02%（伊利石+高岭石+绿泥石+蒙脱石）。

表 6.2　苏宏图预选区 SZK-1 井样品多晶 X 射线衍射分析结果

样号	深度/m	岩性描述	含量/%											
			伊利石	高岭石	绿泥石	蒙脱石	石英	钠长石	白云母	顽火辉石	方沸石	白云石	方解石	石膏
S01	19.5	砖红色黏土岩	40.59	2.30	2.95	0.11	19.69	7.99	16.08	5.69	0.44	0.66	1.53	1.97
S02	28.78	砖红色黏土岩	41.68	2.39	2.29	0.21	20.17	8.94	13.31	3.74	0.62	0.31	2.91	3.53
S03	41.7	砖红色黏土岩	37.20	2.90	2.09	0.12	15.06	17.84	8.46	3.71	0.35	0.81	4.06	7.42
S04	56.63	砖红色黏土岩	45.67	5.96	6.52	0.67	9.67	10.46	6.41	4.95	1.24	1.35	3.37	3.71
S05	70.48	砖红色黏土岩	41.69	4.39	5.43	0.46	12.12	12.59	4.73	4.62	3.93	0.81	3.93	4.85
S06	87.4	砖红色黏土岩	19.50	4.56	4.84	0.28	25.73	20.89	3.73	5.12	8.02	1.24	3.46	2.90
S07	102.47	砖红色黏土岩	13.52	4.38	2.31	0.24	45.68	12.91	1.58	3.05	10.96	0.85	2.80	1.83
S08	123.62	砖红色黏土岩	41.18	4.95	6.04	0.60	8.33	17.39	6.52	4.83	3.99	0.72	1.45	3.99
S09	139.3	灰绿色黏土岩	28.46	5.60	3.89	0.31	6.22	32.50	10.26	6.07	0.78	1.24	1.24	3.42
S10	166.7	砖红色黏土岩	28.53	4.80	4.95	0.29	4.80	26.49	4.51	6.84	10.63	0.87	1.31	6.26
S11	187.51	灰绿色黏土岩	26.16	5.26	3.35	0.24	3.51	32.85	10.69	5.42	5.58	0.80	2.71	3.67
S12	210.37	砖红色黏土岩	31.59	5.77	5.08	0.41	3.43	25.55	9.07	5.77	0.82	0.55	6.46	5.49
S13	233.34	砖红色黏土岩	25.85	4.52	4.39	0.13	31.12	18.95	1.88	5.90	1.38	0.88	0.75	4.52
S14	272.41	砖红色黏土岩	29.14	5.94	5.66	0.28	17.27	22.94	3.04	6.77	1.80	0.97	1.24	5.66
S15	303.43	砖红色黏土岩	25.82	5.33	4.92	0.41	20.77	22.68	2.60	6.15	2.87	1.50	1.64	5.46
S16	328.1	砖红色黏土岩	30.65	4.47	6.33	0.37	6.45	15.88	5.83	14.64	5.33	0.50	6.33	3.10
S17	349.04	砖红色黏土岩	27.53	4.52	4.52	0.41	5.34	20.27	6.85	15.21	3.56	0.82	7.12	3.70
S18	368.82	砖红色黏土岩	28.92	4.46	6.11	0.51	6.75	18.85	6.88	13.38	3.18	0.76	6.62	3.57
S19	385.12	砖红色黏土岩	24.44	4.63	4.35	0.42	15.31	19.66	2.11	4.78	8.71	1.12	9.13	5.48

续表

| 样号 | 深度/m | 岩性描述 | 含量/% | | | | | | | | | | | |
			伊利石	高岭石	绿泥石	蒙脱石	石英	钠长石	白云母	顽火辉石	方沸石	白云石	方解石	石膏
S20	410.87	砖红色黏土岩	22.79	4.69	5.23	0.54	20.51	19.17	2.41	6.03	7.77	0.80	6.17	3.75
S21	424.87	砖红色黏土岩	32.63	5.50	5.64	0.39	5.64	21.49	7.86	4.33	3.93	1.31	7.47	3.93
S22	445.95	砖红色黏土岩	39.93	3.64	4.00	0.36	11.65	18.57	6.43	5.10	2.55	0.61	2.91	4.13
S23	481.6	砖红色黏土岩	31.30	5.24	5.52	0.28	8.22	23.09	7.37	4.39	3.12	1.13	7.08	3.40
S24	502.48	砖红色黏土岩	23.96	5.65	5.95	0.30	8.78	21.73	5.06	6.99	6.99	0.89	9.67	3.87
S25	524.49	砖红色黏土岩	19.20	5.16	4.01	0.29	11.46	22.35	4.15	5.87	7.45	1.00	13.61	5.59
S26	547.9	灰绿色黏土岩	19.66	4.80	3.25	0.31	30.96	13.62	4.33	8.51	11.30	1.24	0.93	1.08
S27	573.3	砖红色黏土岩	32.83	3.52	3.52	0.20	13.21	19.87	7.92	6.16	5.41	1.64	1.01	4.53
S28	610	紫红色黏土岩	21.08	5.56	3.20	0.17	13.32	31.37	5.40	5.90	10.46	0.84	1.35	1.35
S29	649.42	紫红色黏土岩	24.61	5.09	3.68	0.28	8.35	24.33	10.61	5.37	5.09	0.42	7.07	5.09
S30	677.98	紫红色黏土岩	46.53	2.52	2.21	0.11	24.26	3.99	13.45	1.47	0.32	0.21	0.21	4.73
S31	695.95	砖红色黏土岩	51.49	2.56	3.09	0.21	25.27	6.40	2.56	2.99	0.32	0.21	0.21	4.69
平均值			30.78	4.55	4.37	0.32	14.81	19.06	6.52	6.12	4.48	0.87	4.06	4.09

SZK-2 井 20 件岩心样品分析测试结果见表 6.3。伊利石含量在 18.08% ~ 49.79%，平均值为 34.30%；石英含量在 6.40% ~ 26.71%，平均值为 18.13%；钠长石含量在 5.75% ~ 23.33%，平均值为 13.59%。高岭石含量在 1.75% ~ 5.10%，平均值为 3.48%；绿泥石含量在 1.67% ~ 5.75%，平均值为 3.40%；蒙脱石含量在 0 ~ 0.75%，平均值为 0.29%。方解石含量在 0.22% ~ 11.36%，平均值为 3.90%；白云母含量在 2.19% ~ 26.25%，平均值为 10.21%。方沸石、白云石、顽火辉石和石膏平均含量分别为 3.25%、0.66%、5.62% 和 3.17%。SZK-2 井 20 件岩心样品的黏土矿物平均含量为 41.47%（伊利石+高岭石+绿泥石+蒙脱石）。

表 6.3 苏宏图预选区 SZK-2 井样品多晶 X 射线衍射分析结果

| 样号 | 深度/m | 岩性描述 | 含量/% | | | | | | | | | | | |
			伊利石	高岭石	绿泥石	蒙脱石	石英	钠长石	白云母	顽火辉石	方沸石	白云石	方解石	石膏
S32	403.18	砖红色黏土岩	49.79	3.85	4.71	0.43	17.02	10.06	3.96	4.18	0.64	0.54	0.64	3.96
S33	418.00	砖红色黏土岩	35.85	1.75	2.73	0.22	19.67	9.95	21.75	5.03	0.66	0.55	0.44	1.42
S34	440.00	砖红色黏土岩	44.90	2.50	1.67	0.10	22.29	7.81	11.15	2.92	0.42	0.10	2.19	4.06
S35	472.40	砖红色黏土岩	43.86	2.86	2.33	0.21	21.08	7.42	13.67	3.39	0.42	0.42	2.22	2.12

续表

样号	深度/m	岩性描述	含量/%											
			伊利石	高岭石	绿泥石	蒙脱石	石英	钠长石	白云母	顽火辉石	方沸石	白云石	方解石	石膏
S36	486.80	砖红色黏土岩	41.75	3.73	2.66	0.32	21.41	5.75	14.59	4.26	0.64	0.53	2.88	1.60
S37	503.69	紫红色黏土岩	42.93	2.98	1.91	0.21	22.85	8.40	12.01	2.87	0.53	0.32	2.13	2.87
S38	524.07	紫红色黏土岩	47.28	3.66	4.55	0.44	16.32	10.77	4.77	4.33	0.89	0.33	4.11	2.66
S39	553.58	紫红色黏土岩	42.47	2.63	2.32	0.21	22.66	6.53	13.07	3.79	0.21	0.32	3.16	2.63
S40	574.88	灰绿色黏土岩	32.21	3.92	3.08	0.28	11.20	21.43	9.10	5.60	4.34	0.42	4.62	3.92
S41	604.15	砖红色泥质粉砂岩	20.77	4.37	4.51	0.27	20.22	20.36	2.19	6.28	8.33	1.23	6.83	4.51
S42	624.57	砖红色黏土岩	29.77	5.09	4.70	0.39	6.40	20.23	7.31	6.14	2.74	0.78	11.36	5.22
S43	640.41	砖红色泥质粉砂岩	25.80	4.28	3.48	0.13	21.66	20.19	4.81	4.41	6.68	0.67	4.68	3.21
S44	658.17	砖红色黏土岩	28.32	5.37	5.37		18.39	18.66	4.56	5.77	7.65		2.55	2.68
S45	685.77	灰绿色泥质粉砂岩	26.26	3.68	2.21	0.12	8.59	19.51	7.36	10.92	7.73	1.96	7.12	4.66
S46	697.60	砖红色泥质粉砂岩	25.80	4.93	3.77	0.43	8.70	23.33	6.67	6.09	8.55	0.87	6.67	3.91
S47	712.71	砖红色泥质粉砂岩	18.08	3.70	2.88	0.27	26.71	20.41	2.33	5.62	8.36	0.41	7.40	3.84
S48	731.27	紫红色黏土岩	43.96	2.20	2.86	0.22	16.70	12.97	3.96	11.21	1.10	0.33	0.22	4.29
S49	753.42	紫红色泥质粉砂岩	33.81	2.29	2.18	0.00	23.12	6.65	14.72	6.65	0.98	0.55	6.54	2.40
S50	776.97	灰绿色泥质粉砂岩	19.96	2.49	5.75	0.43	23.97	9.33	26.25	7.38	1.52	0.98	0.76	1.30
S51	799.43	紫红色黏土岩	32.41	3.64	4.39	0.75	13.69	11.98	19.89	5.67	2.57	1.18	1.50	2.14
	平均值		34.30	3.48	3.40	0.29	18.13	13.59	10.21	5.62	3.25	0.66	3.90	3.17

　　苏宏图预选区黏土岩的矿物组成含量见图6.11，苏宏图预选区的岩石矿物组成以黏土矿物（伊利石为主要黏土矿物）、石英和钠长石为主，其他矿物含量较少，并且矿物含量随着深度的变化没有明显的线性关系。

6.2.3　微观特征

　　扫描电镜可以观察到纳米级矿物的微观形貌特征，有效地弥补泥岩中因矿物颗粒细小，难以分辨的不足；还可进一步验证XRD的实验数据。在东华理工大学扫描电镜实验室，对苏宏图预选区泥岩样品进行实验测试，仪器采用JSM-35CF型扫描电子显微镜，对主要矿物微观形貌特征进行分析。根据全岩XRD衍射分析、扫描电镜及能谱分析，可以发现苏宏图预选区泥岩主要组成矿物为伊利石、长石，还有少量黏土矿物及磷酸铝等矿物。

　　伊利石是一种富钾的硅酸盐云母类黏土矿物。该矿物为单斜晶系，晶体细小，其粒径

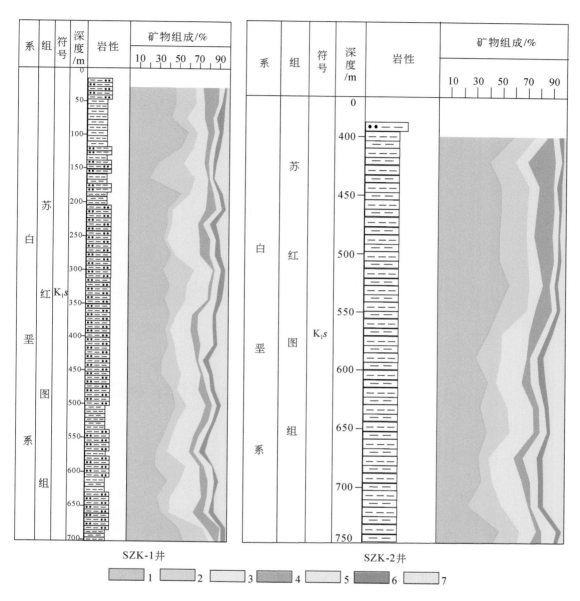

图 6.11 苏宏图预选区黏土岩的矿物组成含量

1-伊利石+高岭石+绿泥石+蒙脱石；2-石英；3-钠长石；4-白云母；5-顽火辉石；6-石膏；7-方沸石+方解石+白云石

通常在 1~2μm，肉眼不易观察，伊利石的片状或条状晶体非常细小。

钠长石呈纹层状和条带状产出，部分呈斑块状或胶结物和碎屑的形式出现，在扫描电镜下，呈粒度大小不一的板条状晶体，具有化学沉淀形成的镶嵌状或堆晶结构，常溶蚀蚀变为黏土矿物（图 6.12）。

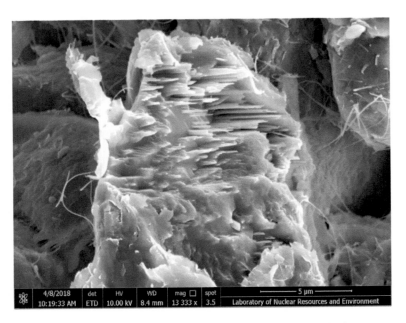

图 6.12　苏宏图预选区黏土岩钠长石溶蚀呈丝状（SZK-1 井，深度 233.34m）

6.3　苏宏图预选区黏土岩地球化学特征

6.3.1　主量元素特征

　　苏宏图预选区 SZK-2 井黏土岩样品的主量元素测试结果见表 6.4。苏宏图预选区黏土岩样品 Al_2O_3 含量在 8.52% ~ 19.10% 波动，平均值为 14.30%；SiO_2 含量在 46.13% ~ 69.44% 波动，平均值为 58.82%；MgO 含量在 0.63% ~ 4.44% 波动，平均值为 2.21%；CaO 含量在 0.44% ~ 16.05% 波动，波动差异明显，平均值为 5.69%；TiO_2 含量在 0.53% ~ 1.65%，平均值为 0.78%。烧失量在 3.21% ~ 18.3%，平均值为 8.12%。烧失量波动范围较大，是由于该层位方解石比较富集。

　　苏宏图预选区黏土岩样品的 Al_2O_3/SiO_2 值在 0.18 ~ 0.32 波动，平均值为 0.24，这就说明该地区样品成分成熟度差别不大。K_2O/Na_2O 值在 0.68 ~ 2.06 波动，平均值为 1.42，表明该地区风化淋滤程度不大。MgO/Al_2O_3 值是根据沉积岩层中 MgO 亲海性和 Al_2O_3 亲陆性而建立的。淡水环境中，MgO/Al_2O_3 值小于 1，海陆过渡环境中为 1 ~ 10，海水环境中为 10 ~ 500。苏宏图预选区黏土岩样品的 MgO/Al_2O_3 值在 0.04 ~ 0.52 波动，平均值为 0.16，结果表明该地区为淡水环境沉积特征。

表 6.4 苏宏图预选区黏土岩样品主量元素分析结果

| 样号 | 深度/m | 含量/% | | | | | | | | | | 烧失量/% | $Al_2O_3/$ SiO_2 | $K_2O/$ Na_2O | $MgO/$ Al_2O_3 |
		Al_2O_3	SiO_2	P_2O_5	MgO	K_2O	Na_2O	TiO_2	CaO	MnO	TFe_2O_3				
S32	403.18	19.10	59.31	0.17	2.51	2.71	1.65	0.75	0.99	0.07	6.53	5.86	0.32	1.64	0.13
S33	418.00	15.19	68.19	0.13	1.54	2.79	2.59	0.56	1.08	0.05	4.56	3.37	0.22	1.08	0.10
S34	440.00	13.86	64.25	0.06	1.76	2.90	1.74	0.53	4.19	0.08	4.20	6.07	0.22	1.67	0.13
S35	472.40	15.07	60.71	0.11	2.24	2.78	1.76	0.60	4.07	0.07	5.74	6.74	0.25	1.58	0.15
S36	486.80	16.17	53.32	0.14	3.02	2.86	1.47	0.65	6.15	0.11	6.05	9.50	0.30	1.95	0.19
S37	503.69	14.06	62.34	0.12	2.11	2.39	1.98	0.71	5.05	0.09	3.68	7.16	0.23	1.21	0.15
S38	524.07	16.11	56.06	0.13	2.73	2.72	1.63	0.73	5.29	0.10	5.86	8.20	0.29	1.67	0.17
S39	553.58	15.06	55.29	0.15	2.77	2.54	1.64	0.71	6.58	0.15	5.40	9.25	0.27	1.55	0.18
S40	574.88	11.85	64.26	0.08	1.58	1.99	1.86	0.69	6.48	0.17	2.09	7.66	0.18	1.07	0.13
S41	604.15	16.35	53.41	0.16	3.01	2.96	1.44	0.70	5.88	0.10	6.38	9.07	0.31	2.06	0.18
S42	624.57	14.31	51.55	0.18	2.56	2.56	1.62	0.68	9.57	0.10	4.81	11.18	0.28	1.58	0.18
S43	640.41	15.00	58.14	0.15	2.62	2.55	2.01	0.69	5.58	0.17	5.60	8.07	0.26	1.27	0.17
S44	658.17	16.64	55.98	0.17	2.95	3.04	1.52	0.73	4.12	0.11	6.54	7.57	0.30	2.00	0.18
S45	685.77	8.60	46.13	0.09	4.44	1.33	1.58	0.55	16.05	0.77	1.45	18.30	0.19	0.84	0.52
S46	697.60	14.74	58.07	0.15	2.56	2.62	1.82	0.71	6.02	0.08	4.49	8.29	0.25	1.44	0.17
S47	712.71	12.90	57.43	0.18	1.99	2.17	1.66	0.79	7.71	0.11	4.91	9.39	0.22	1.31	0.15
S48	731.27	13.25	69.29	0.21	1.34	2.13	1.54	1.08	0.51	0.03	7.05	3.21	0.19	1.38	0.10
S49	753.42	8.52	47.64	0.06	1.03	1.12	1.12	1.00	17.65	0.10	4.81	16.38	0.18	1.00	0.12
S50	776.97	14.43	69.44	0.08	0.73	2.10	1.46	1.11	0.44	0.04	6.09	3.46	0.21	1.44	0.05
S51	799.43	14.80	65.61	0.14	0.63	1.48	2.19	1.65	0.45	0.04	9.73	3.63	0.23	0.68	0.04
平均值		14.30	58.82	0.13	2.21	2.39	1.71	0.78	5.69	0.13	5.69	8.12	0.24	1.42	0.16
UCC		8.04	30.8	0.7	1.33	2.8	2.89	0.41	3	0.6	3.5	—	0.97	1.37	—

注：UCC 为全球平均大陆上地壳成分，其值据 Taylor 和 McLennan（1985），Taylor 和 McLennan（1995），McLennan（2001）。

6.3.2 微量元素特征

苏宏图预选区 SZK-2 井黏土岩样品的微量元素分析结果见表 6.5。测试元素中，大离子亲石元素 Rb、Cs、Sr、Ba 含量分别在 54.6 ~ 147μg/g、3.61 ~ 11.85μg/g、85.2 ~ 1190μg/g、182.5 ~ 1320μg/g，平均值分别为 107.76μg/g、8.91μg/g、347.40μg/g、548.63μg/g，其中 Rb、Sr、Ba 含量比较高。高场强元素 Zr、Th 含量分别为 137 ~ 317μg/g、6.72 ~ 17.4μg/g，平均值分别为 215.1μg/g、12.52μg/g。

表6.5 苏宏图预选区黏土岩样品微量元素分析结果

样号	含量/(μg/g)																	Ni/Co	V/Cr	U/Th	V/(V+Ni)
	Sc	V	Cr	Co	Ni	As	Rb	Sr	Y	Zr	Nd	Cs	Ba	W	Pb	Th	U				
S32	15.6	82	60	14.3	36.3	17.0	147.0	200	26.3	137	33.3	14.80	442	3.6	24.1	17.40	3.85	2.54	1.37	0.22	0.69
S33	9.4	60	50	10.2	21.9	13.7	124.0	180.0	21.1	213	23.70	8.78	423	2.1	18.2	10.10	2.55	2.15	1.20	0.25	0.73
S34	10.1	57	40	9.2	23.8	11.2	123.0	275	18.2	186	23.1	8.63	641	1.9	19.2	10.35	2.21	2.59	1.43	0.21	0.71
S35	12.2	102	50	11.7	28.8	12.1	121.0	215	21.9	184	26.3	10.10	414	2.5	24.5	12.35	2.32	2.46	2.04	0.19	0.78
S36	14.3	78	70	13.7	35.2	18.0	126.0	266	24.6	153	29.5	11.70	401	2.9	20.7	14.00	2.97	2.57	1.11	0.21	0.69
S37	11.0	115	50	10.8	26.5	2.4	106.5	249	26.1	245	28.4	9.85	472	2.3	14.9	12.70	3.43	2.45	2.30	0.27	0.81
S38	14.7	88	70	13.9	35.6	20.9	122.5	373	25.3	175	29.8	11.85	596	2.8	21.9	14.30	3.19	2.56	1.26	0.22	0.71
S39	12.7	83	60	13.1	31.2	15.3	125.0	498	24.8	163	30.4	10.40	600	2.6	20.8	14.75	3.48	2.38	1.38	0.24	0.73
S40	9.3	475	50	9.0	20.8	3.2	92.4	615	26.4	317	28.6	6.76	685	2.0	8.3	12.45	26.8	2.31	9.50	2.15	0.96
S41	14.4	103	80	14.3	36.7	18.8	118.0	304	24.9	155	30.4	11.15	484	2.6	23.8	14.10	2.73	2.57	1.29	0.19	0.74
S42	12.6	104	60	11.9	29.5	7.7	114.5	780	26.4	265	31.0	9.26	1320	2.1	21.1	14.30	3.79	2.48	1.73	0.27	0.78
S43	12.2	94	50	12.1	29.1	7.5	117.0	431	25.1	193	30.30	9.14	558	2.3	23.8	13.75	2.96	2.40	1.88	0.22	0.76
S44	15.5	82	70	14.9	37.5	23.4	131.5	276	25.9	172	31.4	10.75	518	2.2	17.6	15.60	2.17	2.52	1.17	0.14	0.69
S45	10.3	124	30	14.5	15.9	6.4	58.3	1190	34.7	270	31.6	3.91	1310	1.2	9.5	8.90	22.5	1.10	4.13	2.53	0.89
S46	11.4	118	70	12.3	28.8	3.9	112.5	358	26.3	250	30.2	9.81	537	2.1	18.6	14.75	4.12	2.34	1.69	0.28	0.80
S47	10.9	93	60	11.7	28.5	11.4	96.5	287	27.4	277	30.8	6.99	543	1.8	18.3	11.65	2.90	2.44	1.55	0.25	0.77
S48	14.0	107	70	14.0	35.9	20.5	95.6	126.0	33.8	234	30.8	6.42	311	1.6	18.1	10.55	2.16	2.56	1.53	0.20	0.75
S49	14.7	81	60	9.5	24.0	6.5	54.6	152.5	30.8	170	24.6	3.61	182.5	1.1	11.1	6.72	2.00	2.53	1.35	0.30	0.77
S50	13.3	141	70	9.5	24.9	10.8	97.5	87.2	31.0	283	30.1	7.23	332	1.6	14.6	11.75	2.53	2.62	2.01	0.22	0.85
S51	17.9	130	70	11.8	20.1	18.1	71.7	85.2	33.8	260	28.3	7.11	203	1.2	14.2	9.85	1.84	1.70	1.86	0.19	0.87
UCC	13.6	107	83	17	44	1.5	—	350	22	190	26	4.6	550	2	17	10.7	2.8	—	—	—	—

微量元素 V/（V+Ni）值越来越多地被用于沉积水体古氧化还原环境的研究。当 V/（V+Ni）>0.84 时，指示水体分层且底层水体出现 H_2S 的厌氧环境；当 V/（V+Ni）= 0.6 ~ 0.84 时，指示水体分层不强的厌氧环境；而当 V/（V+Ni）= 0.46 ~ 0.6 时，指示水体分层弱的贫氧环境（涂春霖等，2015）。苏宏图预选区黏土岩样品的 V/（V+Ni）值在 0.69 ~ 0.96 波动，平均值为 0.77，指示水体为分层不强的厌氧环境。其他判别指标见表 6.6。结果显示苏宏图预选区黏土岩样品的 Ni/Co 值变化比较稳定，平均值为 2.36，反映水体为氧化环境。V/Cr值波动比较明显，显示水体为氧化-贫氧环境。U/Th 值基本都小于 0.75，显示水体为氧化环境。

表6.6 苏宏图预选区黏土岩微量元素比值特征

判别函数	氧化环境	缺氧环境		苏宏图预选区黏土岩样品（平均值）	文献来源
		厌氧	贫氧		
Ni/Co	<5	>7	5 ~ 7	2.36	Rimmer（2004）
V/Cr	<2	>4.25	2 ~ 4.25	2.09	吴朝东等（1999）
U/Th	<0.75	>1.25	0.75 ~ 1.25	0.44	吴明清和欧阳自远（1992）

6.3.3 稀土元素特征

苏宏图预选区 SZK-2 井黏土岩岩心样品的稀土元素分析结果及稀土元素地球化学特征见表6.7。苏宏图预选区∑REE 在 123.13 ~ 200.89μg/g，平均值为 162.46μg/g。苏宏图预选区黏土岩的稀土元素含量明显高于大陆上地壳的平均稀土元素总量（146.4μg/g）。

LREE/HREE 为轻稀土元素与重稀土元素的含量比值，能够反映样品轻重稀土的分异程度（李军等，2007）。苏宏图预选区黏土岩样品的 LREE/HREE 为 5.29 ~ 9.38，平均值为 8.22，比北美页岩（7.44）要高。

$(La/Yb)_N$ 是稀土元素球粒陨石标准化图解中分布曲线的斜率，反映曲线的倾斜程度；$(La/Sm)_N$、$(Gd/Yb)_N$ 分别反映了轻重稀土元素之间的分馏程度，$(La/Sm)_N$ 越大，表明轻稀土越富集；$(Gd/Yb)_N$ 越小，表明重稀土越富集。苏宏图预选区黏土岩样品的 $(La/Sm)_N$ 为 2.96 ~ 3.95，平均值为 3.55；$(La/Yb)_N$ 为 5.28 ~ 10.11，平均值为 8.60；$(Gd/Yb)_N$ 为 1.25 ~ 1.73，平均值为 1.55。以上说明苏宏图预选区轻重稀土分异明显，轻稀土元素相对富集，重稀土元素相对亏损。

苏宏图预选区黏土岩 δEu 为 0.54 ~ 0.72，平均值为 0.6。与北美页岩标准值（0.65）比较接近，Eu 为明显的负异常。δCe 为 0.78 ~ 1.23，平均值为 1。个别样品的 δCe 小于 1，其他的基本上大于 1，基本正常或轻微 Ce 负异常。

以上结果一致说明苏宏图预选区黏土岩轻稀土元素（LREE）相对于重稀土元素（HREE）分馏程度高，轻稀土富集，且 Eu 明显负异常，其物源应该属于上地壳长英质岩石。本节采用 Boynton 球粒陨石标准值对苏宏图预选区黏土岩 20 件样品进行标准化处理，其 REE 配分模式如图 6.13 所示。

表 6.7 苏宏图地区黏土岩稀土元素含量

样号	深度/m	含量/(μg/g)														ΣREE	LREE	HREE	L/H	δEu	δCe	(La/Sm)N	(La/Yb)N	(Gd/Yb)N	Ce_anom
		La	Ce	Pr	Nd	Sm	Eu	Gd	Tb	Dy	Ho	Er	Tm	Yb	Lu										
S32	403.18	38.6	80.2	8.61	33.3	6.53	1.17	5.58	0.82	4.58	0.94	2.63	0.41	2.62	0.38	186.37	168.41	17.96	9.38	0.58	1.02	3.72	9.93	1.72	-0.01
S33	418.00	29.1	58.2	6.19	23.7	4.81	0.91	3.93	0.64	3.63	0.79	2.23	0.31	2.08	0.33	136.85	122.91	13.94	8.82	0.62	1.00	3.81	9.43	1.52	-0.02
S34	440.00	27.6	52.8	5.94	23.1	4.39	0.75	3.83	0.56	3.53	0.68	1.94	0.30	1.84	0.34	127.6	114.58	13.02	8.80	0.55	0.95	3.95	10.11	1.68	-0.04
S35	472.40	28.4	60.2	6.64	26.3	5.25	1.06	4.20	0.66	3.90	0.85	2.34	0.34	2.29	0.35	142.78	127.85	14.93	8.56	0.67	1.02	3.40	8.36	1.48	-0.01
S36	486.80	34.0	69.9	7.59	29.5	5.69	1.04	4.89	0.76	4.33	0.88	2.56	0.37	2.28	0.35	164.14	147.72	16.42	9.00	0.59	1.01	3.76	10.05	1.73	-0.01
S37	503.69	34.4	68.0	7.82	28.4	5.83	1.00	4.73	0.73	4.60	0.98	2.75	0.39	2.36	0.40	162.39	145.45	16.94	8.59	0.57	0.96	3.71	9.83	1.62	-0.03
S38	524.07	33.4	70.3	7.51	29.8	5.77	1.02	4.68	0.73	4.62	0.91	2.58	0.38	2.59	0.39	164.68	147.8	16.88	8.76	0.58	1.03	3.64	8.69	1.46	-0.01
S39	553.58	35.6	74.6	7.88	30.4	5.84	0.99	5.04	0.74	4.47	0.89	2.48	0.38	2.48	0.39	172.18	155.31	16.87	9.21	0.55	1.03	3.83	9.68	1.64	-0.01
S40	574.88	32.2	66.9	7.38	28.6	5.60	1.00	4.81	0.77	4.54	0.96	2.89	0.42	2.65	0.46	159.18	141.68	17.5	8.10	0.58	1.01	3.62	8.19	1.46	-0.01
S41	604.15	33.8	72.1	7.79	30.4	6.02	1.05	4.90	0.77	4.42	0.93	2.48	0.36	2.33	0.36	167.71	151.16	16.55	9.13	0.57	1.03	3.53	9.78	1.70	0.00
S42	624.57	35.8	71.5	7.88	31.0	6.07	1.07	5.21	0.77	4.70	1.03	2.89	0.44	2.72	0.41	171.49	153.32	18.17	8.44	0.57	0.98	3.71	8.87	1.55	-0.03
S43	640.41	34.4	71.6	7.57	30.3	5.94	1.18	4.88	0.77	4.66	0.95	2.68	0.39	2.50	0.37	168.19	150.99	17.2	8.78	0.65	1.02	3.64	9.28	1.58	-0.01
S44	658.17	36.3	74.7	8.00	31.4	6.28	1.09	4.82	0.75	4.69	0.97	2.63	0.38	2.57	0.41	174.99	157.77	17.22	9.16	0.58	1.01	3.64	9.52	1.51	-0.01
S45	685.77	38.6	94.4	7.95	31.6	6.24	1.11	5.48	0.92	5.58	1.21	3.49	0.50	3.30	0.51	200.89	179.9	20.99	8.57	0.57	1.23	3.89	7.89	1.34	0.07
S46	697.60	34.4	69.5	7.72	30.2	6.08	1.00	4.89	0.75	4.44	0.99	2.78	0.40	2.64	0.42	166.21	148.9	17.31	8.60	0.54	0.99	3.56	8.78	1.49	-0.02
S47	712.71	32.9	71.0	7.59	30.8	6.30	1.13	5.56	0.79	4.97	1.09	3.04	0.40	2.60	0.42	168.59	149.72	18.87	7.93	0.57	1.04	3.28	8.53	1.73	0.00
S48	731.27	33.7	66.1	5.90	30.8	6.92	1.40	6.45	1.02	6.14	1.33	3.61	0.52	3.28	0.49	169.33	146.49	22.84	6.41	0.63	0.96	3.06	6.93	1.59	-0.04
S49	753.42	25.5	41.0	5.90	24.6	5.41	1.14	5.35	0.83	5.32	1.14	3.17	0.48	2.84	0.45	123.13	103.55	19.58	5.29	0.64	0.78	2.96	6.05	1.52	-0.13
S50	776.97	32.2	66.5	7.52	30.1	6.10	1.13	5.38	0.87	5.34	1.16	3.43	0.49	3.19	0.53	163.94	143.55	20.39	7.04	0.59	0.99	3.32	6.81	1.36	-0.02
S51	799.43	29.2	63.1	6.83	28.3	6.21	1.44	5.76	0.98	6.39	1.39	4.02	0.57	3.73	0.58	158.5	135.08	23.42	5.77	0.72	1.04	2.96	5.28	1.25	0.00
平均值		33.0	68.1	7.39	29.1	5.86	1.08	5.02	0.78	4.74	1.00	2.83	0.41	2.64	0.42	162.46	144.61	17.85	8.22	0.6	1	3.55	8.60	1.55	-0.02
UCC		30	64	7.1	26	4.5	0.88	3.8	0.64	3.5	0.8	2.3	0.33	2.2	0.32	146.37	—	—	9.54	0.65	1.06	4.19	9.19	1.39	—

注：$(La/Sm)_N$ 为 La_N 和 Sm_N 经球粒陨石标准化的比值，$\delta Eu = Eu_N/[(Sm_N + Gd_N)/2]$，$\delta Ce = Ce_N/[(La_N + Pr_N)/2]$，$Ce_{anom} = \lg\{3Ce_N/(2La_N + Nd_N)\}$。

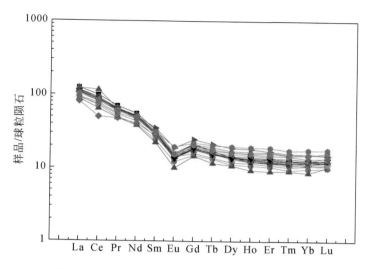

图 6.13 苏宏图预选区黏土岩稀土元素分布模式

苏宏图预选区黏土岩 REE 配分具有以下特征：轻稀土元素富集，重稀土元素亏损，分布曲线在轻稀土元素处斜率较大，在重稀土元素处较为平坦；La–Eu 段轻稀土元素表现为明显的"右倾"，说明苏宏图预选区黏土岩轻稀土元素分馏程度较高，Gd–Lu 段重稀土元素分配曲线比较平坦，说明重稀土元素分馏程度低；Eu 处出现一个明显的"V"字形，存在明显的负异常；Ce 处基本正常或轻微负异常，说明物源较一致，物源区相对稳定。

6.3.3.1 沉积环境及物源分析

沉积环境分析：沉积岩的稀土元素分布特征可以反映沉积时古水体的氧化-还原条件。在一定的 pH 条件下，若水体为氧化环境，Ce^{3+} 会被氧化成 Ce^{4+}，Ce^{3+} 浓度就降低；反之，若水体缺氧，Ce^{3+} 的浓度就会增大。因此，沉积体系中的 Ce 异常可以用来反映水体的氧化-还原条件的变化。Ce、La、Nd 之间相关的变化称为铈异常（Ce_{anom}）指数，其计算公式为 $Ce_{anom} = lg\left[3Ce_N/(2La_N + Nd_N)\right]$，式中，$N$ 为经过北美页岩标准化值，并且指出 $Ce_{anom} > 0$，表示 Ce 富集，反映水体缺氧；$Ce_{anom} < 0$，则表示 Ce 亏损，反映水体呈氧化环境。苏宏图预选区黏土岩样品的 Ce_{anom} 指数基本小于 0，说明苏宏图预选区沉积时水体呈氧化环境。

物源分析：稀土元素在水体中停留的时间非常短，能够快速进入细粒沉积物中且不发生分异，能更好地保留源区的地球化学信息，因此对沉积物示踪有很大的意义。在实际应用中，研究者往往从配分模式曲线的特征来判断物质的来源。相同来源的物质往往具有非常相似的稀土配分模式曲线，所以在物源示踪研究中，稀土元素得到了广泛的应用。在反映盆地物源区性质的指标中，稀土元素分布模式是最可靠的指标之一。

源自上地壳的稀土元素具有轻稀土富集、重稀土稳定和明显负异常等特征（蔡观强等，2007）。Boynton 球粒陨石标准值标准化后的配分模式曲线表明苏宏图预选区黏土岩样品总体具有轻稀土富集、重稀土稳定、较明显的 Eu 负异常，Ce 正常或弱负异常。Ce 弱负异常说明当时的沉积环境处于较浅地区。大体上苏宏图预选区黏土岩样品的分布模式与上地壳的分布模式基本一致，说明该地区物质来源于上地壳长英质岩石的源区。根据 Allègre 和 Minster（1978）提出的 La/Yb-∑REE 原岩判别图解进行黏土岩样品的投点［图 6.14（a）］。

由图 6.14（a）中可知，苏宏图预选区的黏土岩样品基本落在沉积岩与大陆拉斑玄武岩的交汇区，说明苏宏图预选区黏土岩的主要母岩是沉积岩，混合了大陆拉斑玄武岩。为进一步验证物源区原岩的属性，利用 La/Th-Hf 原岩属性判别图解对苏宏图预选区黏土岩样品进行分析显示，大部分样品投点落入上地壳，并且主要物源为长英质物源，有个别样品来源于古老沉积物［图 6.14（b）］。综合 La/Yb-∑REE 和 La/Th-Hf 原岩判别图解，得出苏宏图预选区黏土岩的主要物源为长英质岩，夹杂了少量古老沉积岩。

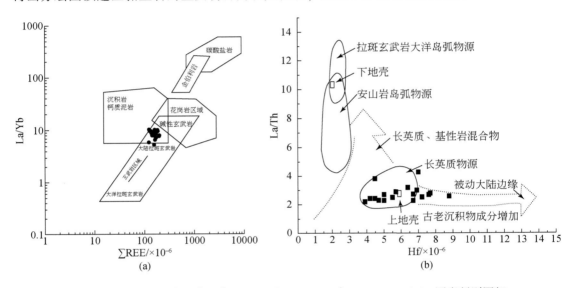

图 6.14　苏宏图预选区黏土岩 La/Yb-∑REE（a）与 La/Th-Hf（b）原岩判别图解

6.3.3.2　构造背景判别

Roser 和 Korsch（1986）根据对世界不同地区已知构造背景的古代砂岩、泥岩及现代砂泥岩沉积物的主量元素特征分析，认为主量元素的 K_2O/Na_2O 值是反映构造环境的最有效指标，提出了 K_2O/Na_2O-SiO_2 构造背景判别图解。苏宏图预选区黏土岩 K_2O/Na_2O-SiO_2 构造背景判别图解中（图 6.15），样品多数落在岛弧区，反映原岩主要形成于岛弧的构造背景中，少量落在活动大陆边缘范围内，反映原岩混合了些许古大洋闭合时的残留物。

为了进一步验证，根据微量元素和稀土元素之间的相互关系，可将沉积岩形成时的构造背景划分成四类：大洋岛弧、大陆岛弧、活动大陆边缘和被动大陆边缘。用于判断构造背景的典型判别图解有 La-Th-Sc、Th-Sc-Zr/10 和 Th-Co-Zr/10 判别图。将苏宏图预选区黏土岩样品投于三种构造背景图解中（图 6.16）。根据 La-Th-Sc 和 Th-Sc-Zr/10 判别图，大多数样品都落在大陆岛弧构造背景中，而 Th-Co-Zr/10 判别图中有少部分样品落在

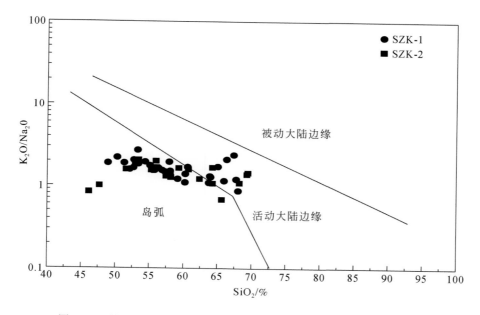

图 6.15 苏宏图预选区黏土岩样品 K_2O/Na_2O-SiO_2 构造背景判别图解

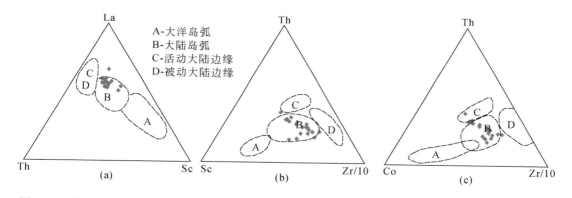

图 6.16 苏宏图预选区黏土岩样品 La-Th-Sc（a）、Th-Sc-Zr/10（b）和 Th-Co-Zr/10（c）判别图解

活动大陆边缘。这与 K_2O/Na_2O-SiO_2 构造背景判别图解结果相一致，以上说明苏宏图预选区原岩主要来自大陆岛弧，个别来自活动大陆边缘。

6.4 苏宏图预选区黏土岩特征总结

综合野外地质调查、钻孔岩心编录及实验研究成果得出以下结论。

（1）XRD 分析结果显示，苏宏图预选区黏土岩矿物组成有伊利石、石英、钠长石、高岭石、方解石、绿泥石、蒙脱石、白云母、石膏等。黏土矿物主要为伊利石，含少量高岭石、绿泥石等，黏土矿物总含量可达 45%。从 XRD 衍射曲线图可以看出，石英、伊利石特征峰比较尖锐，说明含量较高，此外还可见白云母和钠长石等特征峰。利用扫描电镜分析可得，伊利石结晶程度较好，亦可见钠长石蚀变及溶蚀等现象，说明黏土矿物成因较为复杂，且影响因素较多，随深度的变化无明显的线性关系。

（2）根据主微量及稀土元素分析，苏宏图预选区黏土岩样品 Al_2O_3 含量的平均值为14.30%，SiO_2 含量的平均值为58.82%，均明显高于大陆上地壳。烧失量在 3.21% ~ 18.30%，平均值为8.12%。烧失量波动范围较大，是因为该层位方解石比较富集。微量元素含量特征与大陆上地壳较为相似，波动的范围在一个数量级内。苏宏图预选区黏土岩 $\sum REE$ 值在 123.13 ~ 200.89 $\mu g/g$，平均值为 162.46 $\mu g/g$，总稀土元素含量明显高于大陆上地壳的平均稀土元素总量（146.4 $\mu g/g$），轻稀土元素富集，重稀土元素相对亏损，分布曲线在轻稀土元素处斜率较大，表现为明显的"右倾"，黏土岩 δEu 为 0.54 ~ 0.72，平均值为0.60，与北美页岩标准值（0.65）比较接近，Eu 为明显的负异常。δCe 为 0.78 ~ 1.23，平均值为1。个别样品的 δCe 小于1，其他的基本上大于1，基本正常或轻微 Ce 负异常，说明物源较一致，物源区相对稳定。

综合 IAEA 推荐的一般性标准（International Atomic Energy Agency，2003）及其他国家在黏土岩地质处置库场址筛选方面已有的成功经验，项目组提出了我国黏土岩场址筛选基本标准。

（1）社会经济条件：①预选区的人口密度低；②无潜在矿产资源，不影响区域经济社会发展；③无风景名胜区、饮用水水源地保护区及极具考古价值区；④无对地质处置库安全造成影响的军事试验区；⑤无环境利益和土地使用的冲突问题。

（2）自然地理条件：①无极端气候条件，降水量偏小，长期气候变化不大；②地表水系不发育，无洪灾隐患；③地形和地貌较平坦、稳定；④预选区地理位置便于运输。

（3）地质条件：①预选区的区域地质构造稳定、简单，历史上无强烈地震和火山等突发性事件发生的记录；②黏土岩层埋深 200 ~ 600m；③黏土岩层厚度应当大于 100m，产状平缓，黏土岩层均一性和连续性较好；④黏土岩层应有足够大的延伸范围（一般延伸5000m 以上）；⑤地下水不发育，黏土岩上覆岩层稳定，具有较好吸附性能。

对照项目组提出的标准，苏宏图预选区社会经济条件、自然地理条件、黏土岩赋存条件及水文地质特征，基本符合黏土岩选址标准。但从黏土岩固结程度看，上部黏土岩固结程度一般，力学性质较差。综上所述，苏宏图预选区黏土岩作为高放废物地处置库候选围岩是否完全适宜，还需后续项目做进一步的研究和论证。

7 主要结论与下一步工作建议

7.1 主要结论

参照核安全导则《高水平放射性废物地质处置设施选址》（HAD 401/06−2013）、《放射性废物地质处置设施》（HAD 401/10−2020）等规范性文件，结合我国高放废物地质处置库黏土岩预选场址筛选的基本准则，本书以全国范围内黏土岩区域分布调查、厚层状黏土岩重点调查区厘定、黏土岩预选区初步适宜性评价、黏土岩预选区地质条件研究为主线展开论述，主要结论如下。

（1）全国范围内黏土岩区域分布调研成果表明，在我国东部沿海（山东、江苏、浙江）、中部地区（安徽、湖北、江西）、西南地区（广西）、西北地区（青海、内蒙古、甘肃、新疆）等地均有黏土岩分布，厚层状黏土岩主要分布在鲁西北地区、甘肃陇东地区、青海柴达木盆地南八仙地区及内蒙古巴音戈壁盆地。

（2）对塔木素预选区、苏宏图预选区、陇东预选区和南八仙预选区四个黏土岩预选区进行了初步适宜性评价。评价结果表明，内蒙古巴音戈壁盆地的塔木素预选区和苏宏图预选区是现阶段较为适宜的高放废物地质处置库黏土岩预选区。

（3）内蒙古巴音戈壁盆地塔木素预选区和苏宏图预选区的地质条件研究表明，塔木素预选区泥岩以方沸石、白云石为主，泥岩厚度巨大、产状平缓、埋深适宜、分布范围广、空间展布和延展连续性好。并且泥岩渗透性低，对核素迁移阻滞能力强，力学性质好，具有良好的工程建造特性。同时，塔木素预选区区域构造稳定，无潜在火山、地震等地质灾害，区域内未发现潜在的重要矿产资源；耕地资源少，人口密度小，降水量少，地表水和地下水资源少，交通便利，是较为理想的高放废物地质处置库黏土岩预选区。苏宏图预选区在社会经济、地质条件、自然条件等方面具有优势，该区目的层黏土岩固结程度较差，因此需要对其深入研究和论证。

7.2 下一步工作建议

（1）塔木素预选区：重点查明巴音戈壁组上段深层泥岩深度，在浅层泥岩和深层泥岩岩石学、物理性质、力学性能等方面的研究基础上进行综合对比评价，并与法国 Cigéo 黏土岩、瑞士 Zurcher Weinland 地区 Opalinus 黏土岩、比利时 Boom 黏土岩等的地质参数和工程地质条件进行对比分析；按照场址筛选基本准则和核安全导则的相关规范、要求，开展预选地段的筛选和推荐工作。

　　（2）苏宏图预选区：①进一步搜集、整理区域内地球物理等相关资料，结合已有钻孔样品，开展系统的沉积环境、岩石学特征、力学性能研究，为有利地段筛选与推荐提供科学依据和支撑。②收集补充其他地勘单位的钻孔资料，尝试在现有预选区附近圈定一个新的重点工作区（目的层黏土岩埋深小于1000m）。

参 考 文 献

蔡观强，郭峰，刘显太，等 . 2007. 化凹陷新近系沉积岩地球化学特征及其物源指示意义[J]. 地质科技情报，26（6）：17-24.

曹峰 . 2012. 温度对深部岩石力学性质的影响[J]. 重庆科技学院学报（自然科版），14（5）：83-85.

陈驰，朱传庆，唐博宁，等 . 2020. 岩石热导率影响因素研究进展[J]. 地球物理学进展，35（6）：2047-2057.

陈会军，刘招君，柳蓉，等 . 2009. 银额盆地下白垩统巴音戈壁组油页岩特征及古环境[J]. 吉林大学学报（地球科学版），34（4）：669-675.

陈启林，卫平生，杨占龙 . 2006. 银根—额济纳盆地构造演化与油气勘探方向[J]. 石油实验地质，28（4）：311-315.

崔光，郭宜娇，陈斌，等 . 2017. 沸石的结构和应用[J]. 北京信息科技大学学报，32（4）：54-63.

邓继燕 . 2013. 塔木素地区巴音戈壁组上段沉积体系与铀成矿模式探讨[J]. 世界核地质科学，30（2）：86-90.

邓雪，李家铭，曾浩健，等 . 2012. 层次分析法权重计算方法分析及其应用研究[J]. 数学的实践与认识，7：93-100.

樊怡 . 2019. 贺兰山岩画载体砂岩的变形破坏及声发射试验研究[D]. 银川：宁夏大学 .

高静乐 . 2009. 陇东地区侏罗系油藏聚合物驱提高采收率研究[D]. 西安：西北大学 .

管伟村，刘晓东，刘平辉 . 2014. 巴音戈壁盆地塔木素地区黏土岩地质特征研究[J]. 世界核地质科学，31（2）：95-102.

郭超 . 2019. 内蒙古塔木素地区断层稳定性研究[D]. 南昌：东华理工大学 .

郭庆银，李子颖，于金水，等 . 2010. 鄂尔多斯盆地西缘中新生代构造演化与铀成矿作用[J]. 铀矿地质，3：137-144.

郭永海，王驹 . 2007. 高放废物地质处置中的地质、水文地质、地球化学关键科学问题[J]. 岩石力学与工程学报，（S2）：3926-3931.

郭永海，王驹，刘淑芬，等 . 2004. 高放废物处置库预选区野马泉岩体地下水化学特征[J]. 原子能科学技术，（S1）：143-147，153.

韩伟 . 2017. 银额盆地晚古生代以来沉积-构造演化史及其对油气地质条件的影响研究[D]. 西安：西北大学 .

何中波，罗毅，马汉峰 . 2010. 巴音戈壁盆地含矿目的层沉积相特征与砂岩型铀矿化的关系[J]. 世界核地质科学，27（1）：11-18.

胡海洋 . 2014. 内蒙古塔木素地区粘土岩力学特性研究[D]. 南昌：东华理工大学 .

胡俊，颜英，陈明江 . 2007. 模式识别在测井资料划分沉积相中的应用研究[J]. 四川地质学报，27（1）：71-74.

胡明毅，刘仙晴 . 2009. 测井相在松辽盆地北部泉三、四段沉积微相分析中的应用[J]. 岩性油气藏，21（1）：102-106.

黄航 . 2013. 银额盆地上古生界构造格架及区域演化特征分析[D]. 荆州：长江大学 .

姜荣超，余细贞 . 1986. 荐用的点荷载强度的确定方法[J]. 采矿技术，（4）：17-21.

李军，桑树勋，林会喜，等.2007.渤海湾盆地石炭二叠系稀土元素特征及其地质意义[J].沉积学报，25（4）：589-596.

李乐，姚光庆，刘永河，等.2015.塘沽地区沙河街组下部含云质泥岩主微量元素地球化学特征及地质意义[J].地球科学——中国地质大学学报，40（9）：1480-1496.

李西得.2010.巴音戈壁盆地塔木素地区巴音戈壁组上段沉积相分析[J].河南理工大学学报（自然科学版），9（S1）：177-180.

刘春燕，林畅松，吴茂炳，等.2006.银根–额济纳旗中生代盆地构造演化及油气勘探前景[J].中国地质，33（6）：1328-1335.

刘晓东，刘平辉，王长轩，等.2010.高放废物粘土岩处置库场址预选研究[C]//中国岩石力学与工程学会废物地下处置委员会，中国核学会辐射防护分会，中国环境科学学会核安全与辐射环境安全专业委员会.第三届废物地下处置学术研讨会.中国，杭州.2010-09-14.

刘宗堡，马世忠，孙雨，等.2008.三肇凹陷葡萄花油层高分辨率层序地层划分及沉积特征研究[J].沉积学报，（3）：399-406.

龙泉.2007.AHP-模糊综合评价法在绩效评估中的应用研究[J].冶金经济与管理，2：45-48.

卢进才，陈高潮，魏仙样，等.2011.内蒙古西部额济纳旗及邻区石炭系—二叠系沉积后的构造演化、盖层条件与油气信息–石炭系—二叠系油气地质条件研究之三[J].地质通报，30（6）：838-849.

马长玲.2010.柴北缘南八仙—马海构造带构造特征及其成因分析[D].西安：西安科技大学.

马利科.2017.高放废物处置库甘肃北山花岗岩围岩长期稳定性研究[D].北京：核工业北京地质研究院.

潘自强，钱七虎.2009.高放废物地质处置战略研究[M].北京：原子能出版社.

饶峥.2018.内蒙古阿拉善塔木素预选区构造活动性研究[D].南昌：东华理工大学.

宋健，赵省民，陈登超，等.2012.内蒙古西部额济纳旗及邻区二叠纪暗色泥岩微量元素和稀土元素地球化学特征[J].地质学报，86（11）：1773-1780.

汤良杰，金之钧，戴俊生，等.2002.柴达木盆地及相邻造山带区域断裂系统[J].地球科学，27（6）：676-682.

涂春霖，郭英海，胡敏，等.2015.阳泉矿区泥岩地球化学特征及地质意义[J].煤炭科学技术，43（3）：115-120.

王岩.2017.瞬态热线法导热系数测试研究[D].杭州：中国计量大学.

卫平生，张虎权，陈启林.2006.银根—额济纳旗盆地油气地质特征及勘探前景[M].北京：石油工业出版社.

魏方欣.2010.高放废物地质处置围岩安全性探析[C]//中国岩石力学与工程学会废物地下处置专业委员会，中国核学会辐射防护分会，中国环境科学学会核安全与辐射环境安全专业委员会.第三届废物地下处置学术研讨会.中国，杭州.2010-09-14.

吴朝东，杨承运，陈其英.1999.湘西黑色岩系地球化学特征和成因意义[J].岩石矿物学杂志，18（1）：26-39.

吴明清，欧阳自远.1992.铈异常：一个寻迹古海洋氧化还原条件变化的化学示踪剂[J].科学通报，37（3）：242-244.

吴仁贵，周万蓬，刘平华，等.2008.巴音戈壁盆地塔木素地段砂岩型铀矿成矿条件及找矿前景分析[J].铀矿地质，24（1）：24-31.

吴仁贵，周万蓬，徐喆，等.2010.巴音戈壁盆地苏红图组时代归属研究[J].铀矿地质，26（3）：152-156.

吴赛赛，赵省民，邓坚.2016.漠河盆地中侏罗统漠河组泥岩元素地球化学特征及其地质意义：以MK-3

井为例[J]. 地质科技情报, (3): 17-27.

徐凤银, 尹成明, 巩庆林, 等. 2006. 柴达木盆地中、新生代构造演化及其对油气的控制[J]. 中国石油勘探, 6: 9-16, 37, 129.

杨超, 陈清华, 任来义, 等. 2012. 柴达木盆地构造单元划分[J]. 西南石油大学学报（自然科学版）, 1: 25-33.

岳伏生, 王新民, 马龙, 等. 2002. 改造型盆地油气成藏与勘探目标: 以银根-额济纳旗盆地为例[J]. 新疆石油地质, 23 (6): 462-466.

曾伟雄, 林国赞. 2003. 岩石单轴饱和抗压强度的点荷载试验方法设计与探讨[J]. 岩石力学与工程学报, (4): 566-568.

张成勇, 聂逢君, 侯树仁, 等. 2015. 内蒙古巴音戈壁盆地塔木素地区砂岩型铀矿控制因素与成矿模式[J]. 地质科技情报, 34 (1): 140-147.

张代生. 2002. 银根-额济纳旗盆地油气地质条件与勘探方向[J]. 吐哈油气, (1): 5-10, 95.

张建军, 牟传龙, 周恳恳, 等. 2017. 滇西户撒盆地芒棒组第三段泥岩地球化学特征: 物源及其风化作用[J]. 矿物岩石地球化学通报, 36 (4): 574-581.

张金亮, 张鑫. 2006. 塔里木盆地志留系古海洋沉积环境的元素地球化学特征[J]. 中国海洋大学学报, 36 (2): 200-208.

张金亮, 张鑫. 2007. 塔中地区志留系砂岩元素地球化学特征与物源判别意义[J]. 岩石学报, 23 (11): 2990-3002.

张涛. 2008. 基于层次分析法的物流中心选址研究[D]. 武汉: 武汉科技大学.

郑华铃, 傅冰骏, 范显华, 等. 2007. 建议我国重点研究粘土岩处置库预选场址[J]. 辐射防护, (2): 92-98.

周远田. 1992. 测井相分析简介[J]. 地质科技情报, 11 (2): 89-93.

朱筱敏. 2010. 沉积岩石学 [M]. 4版. 北京: 石油工业出版社.

左建平, 柴能斌, 赵灿, 等. 2015. 门头沟玄武岩细观矿物组成与宏观力学行为的关联性研究[J]. 应用基础与工程科学学报, 23 (5): 942-951.

Allègre C J, Minster J F. 1978. Quantitative models of trace element behavior in magmatic processes[J]. Earth and Planetary Science Letters, 38 (1): 1-25.

Bhatia M R. 1985. Rare earth element geochemistry of Australian Paleozoicgraywackes and mudrocks: provenance and tectonic control[J]. Sedimentary Geology, 45 (1): 97-113.

Bhatia M R, Crook K A W. 1986. Trace element characteristics of graywackes and tectonic setting discrimination of sedimentary basins[J]. Contributions to Mineralogy Petrology, 92 (2): 181-193.

Bice D. 1988. Synthetic stratigraphy of carbonate platform and basin systems[J]. Geology. 16: 703-706.

Delage P. 2010. Clays in radioactive waste disposal[J]. Journal of Rock Mechanics and Geotechnical Engineering, 2 (2): 111-123.

International Atomic Energy Agency. 1997. Experience in selection and characterization of sites for geological disposal of radioactive waste: IAEA-TECDOC-991[R]. Vienna: International Atomic Energy Agency.

International Atomic Energy Agency. 2003. Scientific and technical basis for the geological disposal of radioactive wastes: IAFA Technical Reports Serifs No. 413[R]. Vienna: International Atomic Energy Agency.

Maynard J B, Valloni R, Yu H S. 1982. Composition of modern deep-sea sands from arc-related basins[J]. Geological Society of London Special Publications, 10 (1): 551-561.

McLennan S M. 2001. Relationships between the trace element composition of sedimentary rocks and upper continental crust[J]. Geochemistry Geophysics Geosystems, 2 (4): 1-24.

McLennan S M, Hemming S, Mcdaniel D K, et al. 1993. Geochemical approaches to sedimentation, provenance, and tectonics[J]. Special Paper of the Geological Society of America, 284: 21-40.

Pan S, Zheng R, Wei P, et al. 2013. Deposition characteristics, recognition mark and form mechanism of mass transport deposits in terrestrial lake Basin[J]. Lithologic Reservoirs, 25 (2): 8-9.

Reynolds R C. 1989. Principles and techniques of quantitative analysis of clay minerals by X-ray powder diffraction//Pevear D R, Mumpton F A. CMS Workshop Lecture volume 1. Quantitative Mineral Analysis of Clays: 4-37.

Rimmer S M. 2004. Geochemical paleoredox indicators in Devonian-Mississippian black shales, central Appalachian Basin (USA) [J]. Chemical Geology, 206 (3): 373-391.

Roser B P, Korsch R J. 1986. Determination of tectonic setting of Sandsto-Mudstone suites using SiO_2 content and K_2O/Na_2O ratio[J]. Journal of Geology, 94 (5): 635-650.

Shields G, Stille P. 2001. Diagenetic constraints on the use of cerium anomalies as palaeoseawater redox proxies: an isotopic and REE study of Cambrian phosphorites[J]. Chemical Geology, 175 (1-2): 29-48.

Taylor S R, McLennan S M. 1985. The continental crust: its composition and evolution [M]. Oxford and Edinburgh: Blackwell Scientific.

Taylor S R, McLennan S M, 1995. The geochemical evolution of the continental crust [J]. Reviews of Geophysics, 33 (2): 241-265.

Thierry H. 1985. Les minéraux argileux: préparation, analyse diffractométrique et détermination [J]. Villeneuve d'Ascq: Société géologique du Nord: 97-102.

Wronkiewicz D J, Condie K C. 1989. Geochemistry and provenance of sediments from the Pongola Supergroup, South Africa: Evidence for a 3.0Ga-old continental craton[J]. Geochimica et Cosmochimica Acta, 53 (7): 1537-1549.